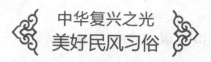

中华复兴之光
美好民风习俗

茶道闲情雅兴

梁新宇 主编

汕頭大學出版社

图书在版编目（CIP）数据

茶道闲情雅兴 / 梁新宇主编. -- 汕头 : 汕头大学
出版社，2017.1（2023.8重印）
　（美好民风习俗）
　ISBN 978-7-5658-2828-7

Ⅰ. ①茶… Ⅱ. ①梁… Ⅲ. ①茶文化－中国 Ⅳ.
①TS971.21

中国版本图书馆CIP数据核字(2016)第293460号

茶道闲情雅兴　　　　　　　　CHADAO XIANQING YAXING

主　　编：梁新宇
责任编辑：邹　峰
责任技编：黄东生
封面设计：大华文苑
出版发行：汕头大学出版社
　　　　　广东省汕头市大学路243号汕头大学校园内　邮政编码：515063
电　　话：0754-82904613
印　　刷：三河市嵩川印刷有限公司
开　　本：690mm×960mm　1/16
印　　张：8
字　　数：98千字
版　　次：2017年1月第1版
印　　次：2023年8月第4次印刷
定　　价：39.80元
ISBN 978-7-5658-2828-7

前言

党的十八大报告指出："把生态文明建设放在突出地位，融入经济建设、政治建设、文化建设、社会建设各方面和全过程，努力建设美丽中国，实现中华民族永续发展。"

可见，美丽中国，是环境之美、时代之美、生活之美、社会之美、百姓之美的总和。生态文明与美丽中国紧密相连，建设美丽中国，其核心就是要按照生态文明要求，通过生态、经济、政治、文化以及社会建设，实现生态良好、经济繁荣、政治和谐以及人民幸福。

悠久的中华文明历史，从来就蕴含着深刻的发展智慧，其中一个重要特征就是强调人与自然的和谐统一，就是把我们人类看作自然世界的和谐组成部分。在新的时期，我们提出尊重自然、顺应自然、保护自然，这是对中华文明的大力弘扬，我们要用勤劳智慧的双手建设美丽中国，实现我们民族永续发展的中国梦想。

因此，美丽中国不仅表现在江山如此多娇方面，更表现在丰富的大美文化内涵方面。中华大地孕育了中华文化，中华文化是中华大地之魂，二者完美地结合，铸就了真正的美丽中国。中华文化源远流长，滚滚黄河、滔滔长江，是最直接的源头。这两大文化浪涛经过千百年冲刷洗礼和不断交流、融合以及沉淀，最终形成了求同存异、兼收并蓄的最辉煌最灿烂的中华文明。

五千年来，薪火相传，一脉相承，伟大的中华文化是世界上唯一绵延不绝而从没中断的古老文化，并始终充满了生机与活力，其根本的原因在于具有强大的包容性和广博性，并充分展现了顽强的生命力和神奇的文化奇观。中华文化的力量，已经深深熔铸到我们的生命力、创造力和凝聚力中，是我们民族的基因。中华民族的精神，也已深深植根于绵延数千年的优秀文化传统之中，是我们的根和魂。

中国文化博大精深，是中华各族人民五千年来创造、传承下来的物质文明和精神文明的总和，其内容包罗万象，浩若星汉，具有很强文化纵深，蕴含丰富宝藏。传承和弘扬优秀民族文化传统，保护民族文化遗产，建设更加优秀的新的中华文化，这是建设美丽中国的根本。

总之，要建设美丽的中国，实现中华文化伟大复兴，首先要站在传统文化前沿，薪火相传，一脉相承，宏扬和发展五千年来优秀的、光明的、先进的、科学的、文明的和自豪的文化，融合古今中外一切文化精华，构建具有中国特色的现代民族文化，向世界和未来展示中华民族的文化力量、文化价值与文化风采，让美丽中国更加辉煌出彩。

为此，在有关部门和专家指导下，我们收集整理了大量古今资料和最新研究成果，特别编撰了本套大型丛书。主要包括万里锦绣河山、悠久文明历史、独特地域风采、深厚建筑古蕴、名胜古迹奇观、珍贵物宝天华、博大精深汉语、千秋辉煌美术、绝美歌舞戏剧、淳朴民风习俗等，充分显示了美丽中国的中华民族厚重文化底蕴和强大民族凝聚力，具有极强系统性、广博性和规模性。

本套丛书唯美展现，美不胜收，语言通俗，图文并茂，形象直观，古风古雅，具有很强可读性、欣赏性和知识性，能够让广大读者全面感受到美丽中国丰富内涵的方方面面，能够增强民族自尊心和文化自豪感，并能很好继承和弘扬中华文化，创造未来中国特色的先进民族文化，引领中华民族走向伟大复兴，实现建设美丽中国的伟大梦想。

目 录

西湖龙井

碧螺春

茶的历史

　　我国是世界上最早发现和利用茶树的国家，是茶的故乡，也是茶文化的发源地。茶是中华民族的举国之饮，发于神农，闻于鲁周公，兴于唐朝，盛于宋代，我国茶文化糅合了佛、儒、道诸派思想，独成一体，是我国文化中的一朵奇葩。

　　我国的茶被誉为国饮，也被世界人民誉为"东方恩物"。我国茶道集宗教、哲学、美学、道德、艺术于一体，是艺术、修行、达道的结合，茶道既是饮茶的艺术，也是生活的艺术，更是人生的艺术。

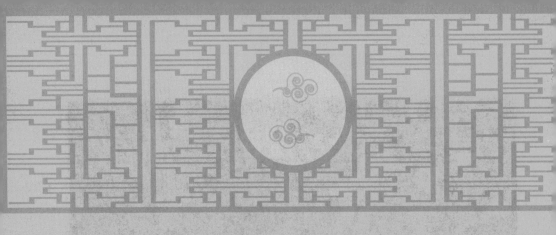

神农尝百草而发现茶

上古时候，我们华夏民族的人文始祖神农是一位勤政爱民的部落首领，他有一位女儿叫花蕊，不知什么原因得病了。

花蕊不想吃饭，浑身难受，腹胀如鼓，怎么调治也不见好。神农很是为难，他想了想，就抓了一些草根、树皮、野果和石头，他数了

数，一共有十二样，就让花蕊吃下，然后就到野外干活去了。

花蕊吃了后，肚子疼得像刀绞，没过一会儿，她竟然生下了一只小鸟，然而她的病却好了。

这可把大家吓坏了，都说："这只鸟是个妖怪，赶紧把它弄出去扔了吧！"

谁知这只小鸟很通人性，见大

家都讨厌它，就飞到神农身边。神农听见小鸟对他说："叽叽，外公！叽叽，外公！"

神农嫌它吵人心烦，就一抡胳膊"哇嗤——"地叫了一声，把小鸟撵飞了。但是，没多大一会儿，这小鸟又飞回到树上，又叫："叽叽，外公！叽叽，外公！"

神农觉得非常奇怪，就拾起一块土坷垃，朝树上一扔，把小鸟吓飞了。但是又没多大一会儿，小鸟又回到树上，又叫："外公，叽叽！外公，叽叽！"

神农这回听懂了，就把左胳膊一抬，说："你要是我的外孙，就落到我的胳膊上来！"

小鸟真的就扑楞楞飞下来，落在了神农的左胳膊上。神农细看这小鸟，浑身翠绿、透明，连肚里的肠肚和东西也能看得一清二楚。

神农托着这只玲珑剔透的小鸟回到了家，大家一看，顿时吓得连连后退说："快把它扔了，妖怪，快扔了……"

神农乐呵呵地说："这不是妖怪，是花蕊鸟！"

神农又把女儿花蕊吃过的十二味药分开在锅里熬，他每熬一味，就喂小鸟一口，一边喂，一边看，看这味药到小鸟肚里往哪走，有啥变化。同时，神农自己再亲口尝一尝，体会这味药在肚里是啥滋味。十二味药给鸟喂完了，他也尝完了，十二味药一共走了手足三阴三阳十二经脉。

　　神农托着这只鸟上大山，钻老林，采摘各种草根、树皮、种子、果实，捕捉各种飞禽走兽、鱼鳖虾虫，挖掘各种石头矿物，他一样一样地喂小鸟，一样一样地亲口尝。

　　神农通过仔细观察，细心体会每味药喝了后在身子里各走哪一经，有何药性，各治什么病等。可是，不论哪味药都只在十二经脉里打圈圈，超不出这个范围。天长日久，神农就制定了人体的十二经脉，成为后来中医药的基础理论。

　　神农决定继续验证自然万物的功效，就手托着这只鸟走向更广阔的世界。他来到了太行山，当转到九九八十一天，来到了太行山的小北顶，捉到一个全冠虫喂小鸟，没想到这虫毒气太大，一下子把小鸟的肠子打断，小鸟死了。神农非常后悔，大哭了一场。后来，就选上好木料，照样刻了一只鸟，走到哪就带到哪。

　　有一次，神农把一棵草放到嘴里一尝，霎时天旋地转，一头栽

倒。村民们慌忙扶他坐起，他明白自己中了毒，可是已经不会说话了，只好用最后一点力气，指着面前一棵红亮亮的灵芝草，又指指自己的嘴巴。村民们慌忙把那红灵芝放到嘴里嚼嚼，喂到他嘴里。神农吃了灵芝草，毒气解了，头不昏了，会说话了。从此，人们都说灵芝草能起死回生。

有一天，神农在采集奇花野草时，尝到一种草叶，使他口干舌麻，头晕目眩，于是他放下草药袋，背靠一棵大树斜躺休息。一阵风过，似乎闻到有一种清鲜香气，但不知这清香从何而来。

神农抬头一看，只见树上有几片叶子冉冉落下，这叶子绿油油的，出于好奇，遂信手拾起一片放入口中慢慢咀嚼，感到味虽苦涩，但有清香回甘之味，索性嚼而食之。食后更觉气味清香，舌底生津，精神振奋，头晕目眩减轻，口干舌麻渐消。

神农再拾几片叶子细看，其叶形、叶脉、叶缘均与一般树木不同，因而又采了些芽叶、花果而归。以后，神农将这种树定名为"茶树"，这就是茶的最早发现。神农被后人誉为茶祖，此后茶树渐被发掘、采集和引种，被人们用作药物，供作祭品，当作养生的饮料。

关于神农发现茶，还有一个传说，说是有一天，神农在生火煮水，当水烧开时，神农打开锅盖，忽见有几片树叶飘落在锅中，当即又闻到一股清香从锅中发出。他用碗舀了点汁水喝，只觉味带苦涩，清香扑鼻，喝后回味香醇甘甜，而且口不渴了，人不累了，头脑也更清醒了。于是神农依照"人"在"草""木"之间而为其定名为"茶"。

知识点滴

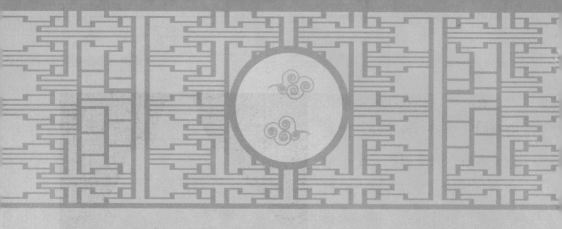

先秦两汉茶文化的萌芽

　　早在远古时代，人们从野生大茶树上砍下枝叶，采集嫩梢，生嚼鲜叶。后来发展为加水煮成羹汤饮用，这就是最早的原始粥茶法。用茶叶制成的菜肴清淡、爽口，既可增进食欲，又有降火、利尿、提

神、去油腻、防疾病的功效，有益人体健康。

在我国商周时期，巴蜀地区就有以茶叶为"贡品"的记载。后来，东晋常璩的《华阳国志·巴志》记载："周武王伐纣，实得巴蜀之师，茶蜜皆纳贡之。"这一记载说明在武王伐纣时，巴国就已经以茶与其他珍贵产品纳贡与周武王了。《华阳国志》中还记载，那时已经有了人工栽培的茶园。

后来，唐代"茶圣"陆羽在《茶经》中说："茶之为饮，发乎神农氏，闻于鲁周公。"春秋战国时期所编著的我国最早的词典《尔雅》中，始有记载周公饮茶养颜保健的轶事。

在我国茶文化中，孔子所开创的儒家制定了茶的礼仪：站着敬茶时，双手要托住茶杯底座，两个大拇指轻轻压在杯盖上，面带微笑。喝茶时，要先用杯盖轻轻拨开漂浮的茶叶，象征性地用杯盖挡住嘴巴，喝茶时不可发出声音，以示文雅。

儒家认为，给别人倒茶时，也要用双手，人的身体微微向前倾，安静不出声。如果你是主人，给一桌子的宾客逐一斟茶，一定要以顺时针的顺序，因为按照古礼，逆时针的斟茶方式，通常表示主人在委婉地下逐客令。

道家思想则着眼于更大的宇宙空间，所谓"无为"，正是为了"有为"；柔顺，同样可以进取。水至柔，方能怀山襄堤；壶至空，才能含华纳水。

我国茶文化接受老庄思想甚深，强调天人合一，精神与物质的统一，这又为茶人们创造饮茶的美学意境提供了源泉活水。

春秋战国后期及西汉初年，曾发生了几次大规模的战争，人口大量迁徙。特别在秦统一四川后，促进了四川和其它各地的货物交换和经济交流。清人顾炎武在《日知录·茶》中即说："自秦人取蜀而后，始有茗饮之事。"认为饮茶始于战国时代。

在秦汉时期，四川的茶树栽培、制作技术及饮用习俗，开始向经济、政治、文化中心的陕西、河南等地传播。陕西、河南因此成为我

国最古老的北方茶区之一。其
后沿长江逐渐向中、下游推
移，再传播到南方各省。

据史料载，汉王至江苏宜
兴茗岭"课童艺茶"，汉朝名
士葛玄在浙江天台山设"植茶
之圃"，亦说明在汉代四川的
茶树已传播到江苏、浙江一带
了。

秦汉时期，四川产茶不仅
初具规模，制茶方面也有改进，并被用于多种用途，如药用、丧用、
祭祀用、食用，或为上层社会的奢侈品。而像武阳那样的茶叶集散市
也已经形成了。西汉著名辞赋家王褒《僮约》"烹茶尽具"的约定，
是关于饮茶最早的可信记载。《僮约》中有"烹茶尽具"、"武阳买
茶"，一般都认为"烹茶"、"买茶"之"茶"为茶。

另据唐外史《欢婚》记载：

相如琴乐文君，无茶礼，文君父怒不待，相如无猜中
官，文君忌怀，凡书必茶，悦其水容乃如家。

这是关于司马相如娶卓文君时只是用了琴音就做成了事，没有按
传统规矩向卓王孙家兴茶礼正娶。文君的父亲气愤之下决定不在任何
场所接待司马相如，而且写信要求司马相如只要是在读书或写书时都
得品茶，见到茶水就会好比见到卓文君一样，仿佛回到了家一样。

司马相如曾经编写了一本少儿识字读物《凡将篇》，这里面刚好有个"荈"字，也就是各种茶叶史书常提出的最早的"茶"字。

还有在汉赋写作上可与司马相如并称为"扬马"的扬雄，他编写了一本叫《方言》的书，书中记述："蜀西南人谓茶曰蔎。"

最早对茶有过记载的王褒、司马相如、扬雄均是蜀人，可见是巴蜀之人发明饮茶。

知识点滴

我国的饮茶始于西汉，而饮茶晚于茶的食用、药用，发现茶和用茶更远在西汉以前，甚至可以追溯到商周时期。茶为贡品、为祭品，在周武王伐纣时、或者在先秦时就已出现，而茶作为商品则是在西汉时才出现的。

茶叶在西周时期被作为祭品使用，到了春秋时代茶鲜叶被人们作为菜食，而战国时期茶叶作为治病药品，到西汉时期茶叶已成为当时主要的商品之一。

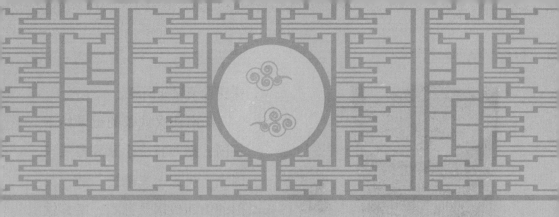

三国两晋的饮茶之风

从西汉直到三国时期，在巴蜀之外，茶是供上层社会享用的珍品，饮茶仅限于王公贵族，民间则很少饮茶。地处成都平原西部边缘的大邑县，素有"七山一水两分田"的称谓，丘陵山地茶树似海浪，

棵棵青茶绿如涓滴。

江南初次饮茶的记录始于三国，据西晋史学家陈寿《三国志·吴志·韦曜传》载：吴国的第四代国君孙皓，嗜好饮酒，每次设宴，来客至少饮酒七升。但是他对博学多闻而酒量不大的朝臣韦曜甚为器重，常常破例。每当韦曜难以下台时，他便"密赐茶荈以代酒"。这是"以茶代酒"的最早记载。

在两晋、南北朝时期，茶量渐多，有关饮茶的记载也多见于史册。入晋后，茶叶逐渐商品化，茶叶的产量也逐渐增加，不再将茶视为珍贵的奢侈品了。茶叶成为商品后，为求得高价出售，于是对茶叶进行精工采制以提高质量。南北朝初期，以上等茶作为贡品。

西晋诗人张载《登成都白菟楼》诗云："芳茶冠六清，溢味播九区。"说成都的香茶传遍九州。又据假托黄帝时桐君的《桐君录》记："西阳、武昌、庐江、晋陵皆出好茗。巴东别有真香茗。"

两晋时期，饮茶由上层社会逐渐向中下层传播。《广陵嗜老传》："晋元帝时有老姥，每旦独提一器茗，往市鬻之，市人竞买。"老姥每天早晨到街市卖茶，市民争相购买，反映了平民的饮茶风尚。

在南朝宋山谦之所著的《吴兴记》中，载有："浙江乌程县西二十里，有温山，所产之茶，转作进贡之用。"

汉代，佛教自西域传入我国，到了南北朝时更为盛行。佛教提倡坐禅，饮茶可以镇定精神，夜里饮茶可以驱睡，茶叶又和佛教结下了不解之缘。茶之声誉逐渐驰名于世。因此，一些名山大川僧道寺院所在的山地和封建庄园都开始种植茶树。

《晋书·艺术传》记："单道开，敦煌人也。……时夏饮茶苏，一二升而已。"单道开乃佛徒，曾往后赵京城邺城的法琳寺、临漳县的昭德寺，后率弟子渡江至晋都城建业，又转去南海各地，最后殁于广东罗浮山。他在昭德寺首创禅室，坐禅其中，昼夜不卧，饮茶却睡解乏以禅定。

僧人昙济曾著《六家七宗论》。他在八公山东山寺住了很长时间，后移居京城的中兴寺和庄严寺。两位王子拜访他，他设茶待客。佛教徒以茶资修行，单道开、怀信、法瑶开"茶禅一味"之先河。

　　道教创始于汉末晋初的张角，于是茶成为道教徒的首选之药，道教徒的饮茶与服药是一致的。南朝著名道士陶弘景《杂录》记："苦茶轻身换骨，昔丹丘子、黄山君服之。"丹丘子、黄山君是传说中的神仙人物，他们说饮茶可使人"轻身换骨"。

　　我国许多名茶有相当一部分是佛教和道教胜地最初种植的，如四川蒙顶、庐山云雾、黄山毛峰，以及天台华顶、雁荡毛峰、天日云雾、天目云雾、天目青顶、径山茶、龙井茶等，都是在名山大川的寺院附近出产的。佛教和道教信徒们对茶的栽种、采制、传播起到了一定的推动作用。

　　南北朝以后，士大夫之流逃避现实，崇尚清淡，品茶赋诗，使得茶叶消费量增加。茶在江南成为一种"比屋皆饮"、"坐席竞下饮"的普通饮料，且已然成为一种待客的礼节。

　　王濛是晋代人，官至司徒长史，他特别喜欢喝茶，不仅自己一日

数次喝茶，而且有客人来，便一定要客人同饮。当时，士大夫中还多不习惯饮茶。因此，去王濛家时，大家总有些害怕，每次临行前就戏称"今日有水厄"。

东晋时期，茶成为建康和三吴地区的一般待客之物，据刘义庆《世说新语》载，任育长随晋室南渡以后，很是不得志。有一次，他到建康，当时一些名士便在江边迎候。谁知他刚一坐下，就有人送上茶来。

任育长是中原人，对茶还不是很熟悉，只是听人说过。看到有茶上来，便问道："此为茶为茗？"

江东人一听此言，觉得很奇怪，心说：这人怎么连茗就是茶都不知道呢？任育长见主人一脸的疑惑，知道自己说了外行话，于是赶忙掩饰说："我刚才问，是热的还是冷的。"

在两晋时期，茶饮是清谦俭朴的标志。据《晋中兴书》载，陆纳做吴兴太守时，卫将军谢安准备去访问他，陆纳让下人只是准备了茶饮接待谢安。陆纳的侄子陆俶见叔叔没有准备丰盛的食品，心中不觉暗暗责备，但又不敢问。于是，陆俶就擅自准备了十多个人用餐的酒菜招待谢安。事后，陆纳大为恼火，认为侄子的行为玷污了自己的清名，于是下令狠狠地打了陆俶四十大板。

在《晋书·桓温传》中，也记载有"桓温为扬州牧，性俭，每宴惟下七奠，茶果而已。"

两晋时期，茶饮广泛进入祭礼。南北朝时期，以茶作祭已进入上层社会。《南齐书·武帝本纪》载：493年七月，齐武帝下了一封诏书，诏曰："我灵上慎勿以牲为祭，唯设饼、茶饮、干饭、酒脯而已，天下贵贱，咸同此制。"

齐武帝萧颐，是南朝比较节俭的少数统治者之一。他立遗嘱时，把茶饮等物作为祭祀标准，把民间的礼俗用于统治阶级的丧礼之中，

此举无疑推广和鼓励了这种制度。

三国吴和东晋均定都现在的南京，由于达官贵人，特别是东晋北方士族的集结、移居，今苏南和浙江的所谓江东一带，在这一政治和经济背景下，作为茶业发展新区，其茶业和茶文化在这一阶段中，较之全国其他地区有了更快发展。

三国两晋时期，我国形成饮茶之风，而文人关于茶的著述颇丰。如《搜神记》、《神异记》、《搜神后记》、《异苑》等志怪小说集中便有一些关于茶的故事。

左思的《娇女诗》、张载的《登成都白菟楼》诗、王微的《杂诗》是最早的茶诗。南北朝时女文学家鲍令晖撰有《香茗赋》，惜散佚。

西晋杜育的《荈赋》是文学史上第一篇以茶为题材的散文，才辞丰美，对后世的茶文学创作颇有影响。宋代吴俶《茶赋》称："清文既传于杜育，精思亦闻于陆羽。"可见杜育《荈赋》在茶文化史上的影响。

知识点滴

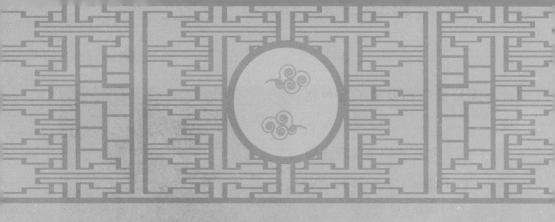

趋于成熟的唐代茶文化

唐朝一统天下，修文息武，重视农作，促进了茶叶生产的发展。由于国内太平，社会安定，百姓能够安居乐业。

随着农业、手工业生产的发展，茶叶的生产和贸易也迅速兴盛起来，成为我国茶史上第一个高峰。

当时，茶叶产地分布在长江、珠江流域和陕西、河南等十多个区域的诸多州郡，当时，以武夷山茶采制而成的蒸青团茶极负盛名。

中唐以后，全国有七十多州产茶，辖三百四十多县。唐代是我国种茶、饮茶以及茶文化发展的鼎盛时期。茶叶逐渐从皇宫内院走入了寻常百姓之家，饮茶之风遍及全国，有的地方户户饮茶，已成民间习俗。

同时，无论是宫廷茶艺、宗教茶艺、文士茶艺和民间茶艺，不论在茶艺内涵的理解上还是在操作程序上，都已趋于成熟，形成了各具特色的饮茶之道。

唐朝饮茶之风的兴起，促使了"茶圣"陆羽的横空出世！陆羽在其著名的《茶经》中，对茶的提法不下10余种，其中用得最多、最普遍的是"茶"。

在我国古代，茶的名称很多。在公元前2世纪，西汉司马相如的《凡将篇》中提到的"荈诧"就是茶。西汉末年，扬雄的《方言》中，称茶为"蔎"；在《神农本草经》中，称之为"荼草"或"选"；南朝宋谦之的《吴兴记》中称为"荈"；东晋裴渊的《广州记》中称之谓"皋芦"。此外，还有"诧"、"茗"、"荈"等称谓，均认为是茶的异名同义字。由于茶事的发展，指茶的"茶"字使用越来越多。

陆羽在写《茶经》时，将"荼"字减少一划，改写为"茶"，并归纳说："……其名，一曰茶，二曰槚，三曰蔎，四曰茗，五曰荈。"从此，在古今茶学书中，茶字的形、音、义也就固定下来了。

在唐代，喜茶之人甚多。唐武宗时，宰相李德裕善于鉴水别泉。

据北宋诗人唐庚《斗茶记》载："唐相李卫公，好饮惠山泉，置驿传送不远数千里。"这种送水的驿站称为"水递"。

时隔不久，有一位老僧拜见李德裕，说相公要饮惠泉水，不必到无锡去专递，只要取京城的昊天观后的水就行。

李德裕大笑其荒唐，于是暗地里让人取一罐惠泉水和昊天观水一罐，做好记号，并与其他各种泉水一起送到了老僧住处，请他品鉴，让他从中找出惠泉水来。

老僧一一品赏之后，从中取出两罐。李德裕揭开记号一看，正是惠泉水和昊天观水，李德裕大为惊奇，不得不信。于是，再也不用"水递"来运输惠泉水了。

为了适应消费需求，自唐至宋，贡茶兴起，成立了贡茶院，即制茶厂，组织官员研究制茶技术，从而促使茶叶生产不断改革。

在唐代，蒸青作饼已经逐渐完善，陆羽《茶经三之造》记述：

"晴，采之。蒸之，捣之，拍之，焙之，穿之，封之，茶之干矣。"也就是说，此时完整的蒸青茶饼制作工序为：蒸茶、解块、捣茶、装模、拍压、出模、列茶晾干、穿孔、烘焙、成穿、封茶。

唐代制茶技术得到了一定程度的发展。在陆羽著《茶经》之前，人们已经把茶饼研成细末，再加上葱、姜、橘等调料倒入罐中煎煮来饮。后陆羽提倡自然煮茶法，去掉调料，人们开始对水品、火品、饮茶技艺讲究。

在《茶经》中，陆羽提出了"茶德"的思想。陆羽云："茶之为用，味至寒，为饮最宜精行俭德之人。"将茶德归之于饮茶人的应具有俭朴之美德，不单纯将饮茶看成仅仅是为满足生理需要的饮品。

唐末刘贞亮在《茶十德》一文中，扩展了茶德的内容，即"以茶利礼仁，以茶表敬意，以茶可雅心，以茶可行道"，提升了饮茶的精神需求，包括人的品德修养，并扩大到和敬待人的人际关系上。

我国首创的茶德观念，在唐宋时代传入日本和朝鲜后，产生了巨大影响并得到发展。日本高僧千利休提出的茶道基本精神和、敬、清、寂，本质上就是通过饮茶进行自我思想反省，在品茗的清寂中拂除内心和尘埃和彼此间的介蒂，达

到和敬的道德要求。

朝鲜茶礼仪倡导的清、敬、和、乐，强调中正精神，也是主张纯化人的品德的我国茶德思想的延伸。

在我国佛教禅宗，有一句禅林法语"吃茶去"，这与唐代赵州禅师有关。唐代赵州观音寺高僧从谂禅师，人称"赵州古佛"，他喜爱茶饮，到了唯茶是求的地步，因而也喜欢用茶作为机锋语。

禅宗讲究顿悟，认为何时何地何物都能悟道，极平常的事物中蕴藏着真谛。茶对佛教徒来说，是平常的一种饮料，几乎每天必饮，因而，从谂禅师以"吃茶去"作为悟道的机锋语，对佛教徒来说，既平常又深奥，能否觉悟，则要靠自己的灵性了。

当时，在唐朝的国都长安荟萃了大唐的茶界名流、文人雅士，他们办茶会、写茶诗、著茶文、品茶论道、以茶会友。

唐代饮茶诗中最著名的要算是卢仝《走笔谢孟谏议寄新茶》诗中

所论述的七碗茶了：

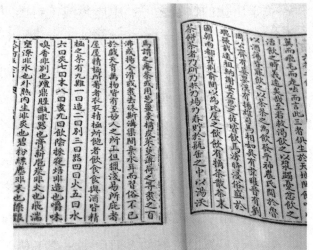

> 一碗喉吻润。
> 二碗破孤闷。三碗
> 搜枯肠，唯有文字
> 五千卷。四碗发轻
> 汗，平生不平事，
> 尽向毛孔散。五碗
> 肌骨清。六碗通
> 仙灵。七碗吃不得也，唯觉两腋习习清风生。蓬莱山，在何
> 处，玉川子，乘此清风欲归去……

喝了七碗茶，就能变成神仙了，这样的茶、这样的情思真是妙极
了。历代诗人的咏茶诗有很多，但是卢仝的这首诗堪称是咏茶诗中最
著名的一首，其人也因此诗而名传于世。

在晚唐时期，茶还有了另外一个别名，叫"苦口师"。晚唐著名
诗人皮日休之子皮光业，自幼聪慧，十岁能作诗文，颇有家风。皮光
业容仪俊秀，善谈论，气质倜傥，如神仙中人。吴越天福二年，即公
元937年拜丞相。

有一天，皮光业的中表兄弟请他品赏新柑，并设宴款待。这一
天，朝廷显贵云集，筵席殊丰。皮光业一进门，对新鲜甘美的橙子视
而不见，急呼要茶喝。于是，侍者只好捧上来一大瓯茶汤，皮光业手
持茶碗，即兴吟道："未见甘心氏，先迎苦口师。"此后，茶就有了
"苦口师"的雅号了。

关于唐代的饮茶之习，中唐封演《封氏闻见记》卷六饮茶记载了当时社会饮茶的情况。封演认为禅宗促进了北方饮茶的形成，唐代开元以后，各地"茶道"大行，饮茶之风弥漫朝野，"穷日竟夜"，"遂成风俗"，且"流于塞外"。

晚唐杨华《膳夫经手录》载："至开元、天宝之间，稍稍有茶；至德、大历遂多，建中以后盛矣。"陆羽《茶经六之饮》也称："滂时浸俗，盛于国朝两都并荆俞间，以为比屋之饮。"杨华认为茶始兴于玄宗朝，肃宗，代宗时渐多，德宗以后盛行。

在五代后晋时官修的《旧唐书·李玉传》记载："茶为食物，无异米盐，于人所资，远近同俗，既怯竭乏，难舍斯须，田间之间，嗜好尤甚。"茶于人来说如同米、盐一样不可缺，田间农家尤其嗜好。

唐代饮茶风尚盛行，带动了茶具的发展繁荣，各地茶具也自成体系。茶具不仅是饮茶过程中不可缺少的器具，并有助于提高茶的色、

香、味，具有实用性，而且，一件高雅精致的茶具，本身又富含欣赏价值，且有很高的艺术性。陆羽《茶经·四之器》中列出二十八种茶具，按功用可分为煮茶器、碾茶器、饮茶器、藏茶器等。

当时南北瓷窑生产的大量茶具，以越窑和邢窑为代表，形成"南青北白"的局面，此外长沙窑、婺州窑、寿州窑、洪州窑、岳州窑等也出产茶具。

唐代以煮茶为主，因此茶具主要有茶釜、茶瓯、茶碾、盏托和执壶。长沙窑的"茶"碗和西安王明哲墓出土的器底墨书"老口家茶社瓶"执壶是典型的茶具。除陶瓷外，唐代的金、银、漆、琉璃等其他材质的茶具也各具特色，如陕西扶风法门寺地宫的银质鎏金茶具，足见皇室饮茶场面的气派。

因为茶宜"乘热连饮"，茶碗很烫，所以要在碗下加托。西安唐代曹惠琳墓出土有白瓷盏托以及在当地发现的7件银质鎏金茶托，刻铭

中自名为"浑金涂茶拓子"字样。这些茶托上的托圈较低，与晚唐茶托制式不同。

晚唐时，茶托上的托圈已增高，有的是在托盘上加了一只小碗，湖南长沙铜官窑、浙江宁波和湖北黄石的唐墓中均曾有这类茶托。托上所承之茶碗，为圈足、玉璧足或圆饼状实足的各种弧壁或直壁之碗。长沙石渚窑的唐青釉圆口弧壁碗，有的自名为"茶"。

　　唐代饮茶之风盛行，同唐朝国力的鼎盛有很大的关系。陆羽《茶经》认为当时的饮茶之风扩散到民间，以东都洛阳和西都长安及湖北、山东一带最为盛行，都把茶当作家常饮料。《茶经》《封氏闻见记》《膳夫经手录》关于饮茶发展和普及的情况基本一致。开元以前，饮茶不多，开元以后，举凡王公朝士、三教九流、士农工商，无不饮茶。不仅中原广大地区饮茶，而且边疆少数民族地区也饮茶。甚至出现了茶水铺，自邹、齐、沧、隶，渐至京邑城市，多开店铺，煎茶卖之。不问道俗，投钱便可取茶饮用。

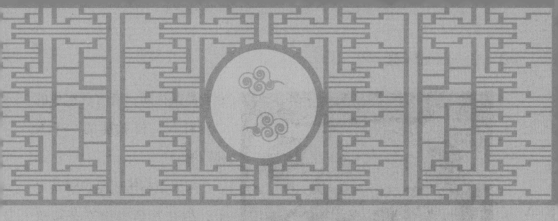

空前繁荣的宋代茶文化

宋承唐代饮茶之风，日益普及。"茶兴于唐而盛于宋"。两宋的茶叶生产，在唐朝至五代的基础上逐步发展起来，全国茶叶产区又有所扩大，各地精制的名茶繁多，茶叶产量也有了大量增加。

宋梅尧臣在其《南有嘉茗赋》说："华夷蛮豹，固日饮而无厌，富贵贫贱，亦时啜无厌不宁。"宋吴自牧《梦粱录》卷十六"鳌铺"载："盖人家每日不可阙者，柴米油盐酱醋茶。"自宋代始，茶就成为开门"七件事"之一。

宋代茶业的发展，推动了茶叶文化的发展，在文人中出现了

专业品茶社团，有官员组成的"汤社"、佛教徒的"千人社"等。

宋太祖赵匡胤是位嗜茶之士，他在宫廷中设立茶事机关，那时宫廷用茶已分等级，茶仪已成礼制，赐茶也成了皇帝笼络大臣、眷怀亲族的重要手段，还赐给国外使节。

宋徽宗赵佶对茶进行过深入研究，他还写了茶叶专著《大观茶论》一书。本书对茶的产制、烹试及品质各方面都有详细的论述，从而也推动了饮茶之风的盛行。

在宋代，茶已成为当时民众日常生活中的必需品。宋李觏《盯江集卷十六·富国策一十》云："茶并非古也，源于江左，流于天下，浸淫于近世，君子小人靡不嗜也，富贵贫贱靡不用也。"意思是说，无论君子小人、富贵贫贱，都喜欢饮茶。与柴米油盐酱醋一样，茶成为当时人们的日常生活用品。

宋代文学家、政治家王安石也说："夫茶之用，等于米盐，不可一日以无。"

宋代文学家、政治家及诗人范仲淹，极嗜饮茶，对茶的功效曾给予高度评价。他的《贺章岷从事斗茶歌》以夸张的手法，赞美茶的神奇功效："众人之浊我可清，千日之醉我可醒，不如仙山一啜好，泠然便欲乘风飞"。他把茶看作胜过美酒和仙药，啜饮之后可飘然升天，这与唐代卢仝的《七碗茶歌》的思想境界有异曲同工之妙。

宋时，气候转冷，常年平均气温比唐代低一些，特别是在一次寒潮袭击下，众多的茶树受到冻害，茶叶减产。湖州顾渚的贡茶不能及时生产，无法在清明节之前运到京城汴京，于是就将生产贡茶的任务南移，交由福建的建安来完成，并在建安的北苑设立专门机构生产供皇宫御用的贡茶——龙凤茶。

宋代饮茶之风非常盛行，特别是王公贵族们，经常举行茶宴，皇帝也常在得到贡茶之后举行茶宴招待群臣，以示恩宠。

科举考试是宋朝的一件大事，皇帝或皇后都会向考官及进士赐茶。如宋哲宗赐茶饼给考官张舜民，张舜民将所赐茶分给亲友都不够，由此可见赐茶的珍贵。

以建茶为贡，并非始自宋代，早在五代闽和南唐时就开始了。但其制茶技术日益成熟，品相兼优，名冠全国，还是宋代的事情。

宋代著名书法家蔡襄是福建仙游人，官至端明殿学士，精于品茗、鉴茶，也是一位嗜茶如命的茶博士。据说蔡襄挥毫作书必以茶为伴。这样一位十分喜爱饮茶，尤其是对福建茶业有过重要贡献的朝廷命官，称得上是一位古代的茶学家。

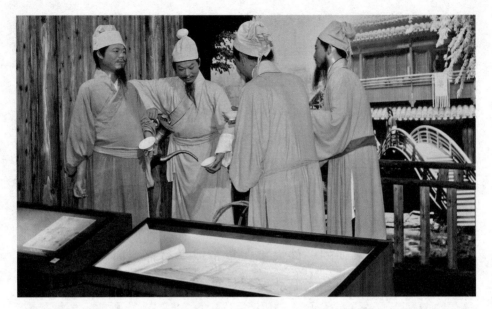

蔡襄的《茶录》以记述茶事为基础，分上下两篇。上篇茶证："论茶的色、香、味、藏茶、炙茶、碾茶、罗茶、点茶"；下篇器论："论茶焙、茶笼、砧椎、茶碾、茶盏、茶匙、汤瓶"。《茶录》是我国茶文化历史中不可多得的专著。

在宋代，徽州成为重要的产茶区，其产量约2.3万担，其制茶工序大致为：蒸茶、榨茶、研茶、造茶、过茶、烘茶六道，成品茶为"蒸青团茶"。这种制茶方法，不但工序复杂，加工量小，而且茶叶香气与滋味也欠佳。由此，徽州谢家就发明了一种"先用锅炒茶，再用手或木桶揉茶，最后用烘笼烘茶"的"老谢家茶"制茶技术。

采用这种工艺制茶有三大优点：其一，制茶程序简单，由原来6道改成3道；其二，加工量大，工效比原来提高了3至4倍；其三，改变茶叶形状品质，将原来的"团茶"改成了"散茶"，而且这种"散茶"香高味浓，耐冲泡。

很快，这种制茶新技术在古徽州传开，茶农纷纷效仿，从而迅速促进了徽州茶叶生产发展。到了明代，徽州府产茶量已达5万多担，比宋代翻了一番。

宋代时尚斗茶，如梅尧臣《次韵和永叔尝新茶杂言》云："兔毛紫盏自相称，清泉不必求虾蟆"；苏辙诗云："蟹眼煎成声未老，兔毛倾看色尤宜。"

徽宗时期，宫廷里的斗茶活动非常盛行，为了满足皇帝大臣们的欲望，贡茶的征收名目越来越多，制作也越来越新奇。

据南宋时期胡仔的《苕溪渔隐丛话》等所记载，宣和二年，漕臣郑可简创制了一种以"银丝水芽"制成的"方寸新"，这种团茶色如白雪，故名为"龙园胜雪"。

后来，郑可简官升至福建转运使，又命他的侄子千里到各地山谷去搜集名茶奇品，千里后来发现了一种叫作"朱草"的名茶。郑可简便将"朱草"拿来，让自己的儿子去进贡。于是，他的儿子也因贡茶有功而得官职。

宋代茶文化的发展，在很大程度上受到皇室的影响。无论其文化特色或是文化形式，都带有贵族色彩。于此同时，茶文化在高雅文化的范畴内，得到了更充实的发展。

传统礼制对贡茶的精益求精，进而引发出各种饮茶用茶方式。宋代贡茶自蔡襄任福建转运使后，通过精工改制，在形式和品质上有了更进一步的发展，号称"小龙团饼茶"。北宋文坛领袖欧阳修称这种茶"其价值金二两，然金可有，而茶不可得"。

宋仁宗最推荐这种小龙团，备加珍惜，即使是宰相近臣，也不随便赐赠，只有每年在南郊大礼祭天地时，中枢密院各四位大臣才有幸共同分到一团，而这些大臣往往自己舍不得品尝，专门用来孝敬父母或转赠好友。这种茶在赐赠大臣前，先由宫女用金箔剪成龙凤、花草图案贴在上面，称为"绣茶"。

宋代是我国茶饮活动最活跃的时代。在以贡茶一路衍生出来的有

"绣茶"、"斗茶"；作为文人自娱自乐的有"分茶"。作为民间的茶楼、饭馆中的饮茶方式更是丰富多彩。

吴自牧《梦粱录》卷十六"茶肆"记载，茶肆列花架，在上面安顿奇松异会等物，用来装饰店面，敲打响盏歌卖，叫卖后用瓷盏漆托供卖。夜市在太街有东担设浮铺，点茶汤以便游玩的人观赏。

宋代沏茶时尚的是用"点"茶法，就是注茶，即用单手提执壶，使沸水由上而下，直接将沸水注入盛有茶末的茶盏内，使其形成变幻无穷的物象。因此，注水的高低，手势的不同，壶嘴造型的不一，都会使注茶时出现的汤面物象形成不同的结果。

宋代点茶法使茶瓶的流加长，口部圆峻，器身与器颈增高，把手的曲线也变得很柔和，茶托的式样更多。托圈一般均较高，有敛口的，也有侈口的，而且许多托圈内中空透底。

宋代上层人士饮茶，对茶具的质量要求比唐代更高，宋人讲究茶具的质地，制作要求更加精细。茶托除瓷、银制品外，还有金茶托和漆茶托。范仲淹诗云："黄金碾畔绿尘飞，碧玉瓯中翠涛起。"陆游诗云："银瓶铜碾俱官样，恨个纤纤为捧瓯。"说明当时地方官吏，文人学士使用的是金银制的茶具。而民间百姓饮茶的茶具，就没有那么讲究，只要做到"择器"用茶就可以了。

在普天共饮的社会背景下，宋代茶艺逐渐形成了一套规范程式，这便是分茶。分茶又称茶百戏、汤戏或茶戏。

宋人直接描写分茶的文学作品以杨万里《澹庵坐上观显上人分茶》为代表。1163年，杨万里在临安胡铨官邸亲眼看见显上人所作的分茶表演，被这位僧人的技艺折服，即兴实录了这一精彩表演。诗中写道：

> 分茶何似煎茶好，煎茶不似分茶巧。
>
> 蒸水老禅弄泉手，隆兴元春新玉爪。
>
> ......

北宋初年人陶谷在《荈茗录》中说到一种叫"茶百戏"的游艺。

"茶百戏"便是"分茶","碾茶为末，注之以汤，以笑击拂"。此时，盏面上的汤纹水脉会幻变出种种图样，若山水云雾，状花鸟虫鱼，恰如一幅幅水墨图画，故有"水丹青"之称。

茶文化的兴盛，也引起了茶具的变革。唐代的茶一般为绿色，青瓷碗与白瓷碗并重；而宋代茶色尚白，又兴起了斗茶之风。斗茶胜负的标志为茶是否粘附碗壁，哪一方的碗上先形成茶痕，即为输家。这和茶的质量及点茶的技术都有关系。

为适应斗茶之需，宋代将白色的茶盛在深色的碗里，对比分明，易于检视。蔡襄在《茶录》中指出："茶色白，宜黑盏。""其青白盏，斗试家自不用。"所以宋代特别重视黑釉茶盏。

福建建阳水吉镇建窑烧造的茶盏釉色黝亮似漆，其上有闪现圆点形晶斑，也有闪现放射状细芒，前者称油滴盏，后者称兔毫盏。还有盏底刻"供御"、"进"等文字，表明这里曾有向朝廷进奉的贡品。

在宋代茶叶著作中，比较著名的有叶清臣的《述煮茶小品》、蔡襄的《茶录》、宋子安的《东溪试茶录》、沈括的《本朝茶法》、赵佶的《大观茶论》等。在宋代茶学专家中，有作为一国之主的宋徽宗赵佶，有朝廷大臣和文学家丁谓、蔡襄，有著名的自然科学家沈括，更有乡儒、进士，乃至不知其真实姓名的隐士"审安老人"等。从这些作者的身份来看，宋代茶学研究的人才和研究层次都很丰富。在研究内容上包括茶叶产地的比较、烹茶技艺、茶叶形制、原料与成茶的关系、饮茶器具、斗茶过程及欣赏、茶叶质量检评、贡茶名实等等。

知识点滴

返璞归真的元代饮茶风

　　宋人拓展了茶文化的社会层面和文化形式，茶事十分兴旺，但茶艺走向繁复、琐碎、奢侈，失去了唐代茶文化深刻的思想内涵，过于精细的茶艺淹没了茶文化的实用性，失去了其高洁深邃的本质。元代以后，我国茶文化进入了曲折发展期。

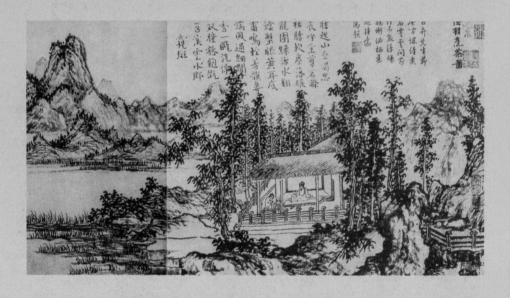

元代与宋代茶艺崇尚奢华、繁琐的形式相反，北方少数民族虽嗜茶如命，但主要出于生活的需要，对品茶煮茗、繁琐的茶艺没多大兴趣。原有的汉族文化人希冀以茗事表现风流倜傥，这时则转而由茶表现其脱俗的清高气节。

这两股不同的思想潮流，在茶文化中契合后，促进了茶艺向简约、返璞归真方向发展。因此元代制作精细、成本昂贵的团茶数量大减，而制作简易的末茶和直接饮用的青茗与毛茶大为流行。

这种饮茶风格的变化，使我国茶叶生产有了更大的创新。至元朝中期，老百姓做茶技术不断提高，讲究制茶功夫。元时在茶叶生产上的另一成就，是用机械来制茶叶。据王祯《农书》记载，当时有些地区采用了水转连磨，即利用水力带动茶磨和椎具碎茶，显然较宋朝的碾茶又前进了一步。

元代茶饮中，除了民间的散茶继续发展，贡茶仍然沿用团饼之外，在烹煮和调料方面有了新的方式产生，这是蒙古游牧民族的生活方式和汉族人民的生活方式相互影的结果。

在茶叶饮用时，特别是在朝廷的日常饮用中，茶叶添加辅料，似乎已相当普遍。与加料茶饮相比，汉族文人们的清饮仍然占有相当大

的比例。在饮茶方式上他们也与蒙古人有很大的差别，他们仍然钟情于茶的本色本味，钟情于古鼎清泉，钟情于幽雅的环境。

如赵孟頫虽仕官元朝，但他画的《斗茶图》中仍然是一派宋朝时的景象。

《斗茶图》中，4位斗茶手分成两组，每组2人。左边斗茶组组长，左手持茶杯，右手持茶壶，昂头望对方。助手在一旁，右手提茶壶，左手持茶杯，两手拉开距离，正在注汤冲茶。右边一组斗茶手也不示弱，准备齐全，每人各有一副茶炉和茶笼，组长右手持茶杯正在品尝茶香。

元代的饮茶方式及器具，主要承袭于宋代，而建元之后，茶礼茶仪仍然在入宋入元的文人僧道之间流传。虽然忽必烈在大都建元之后，有意识地引导蒙古人学习汉族文化，但由于国民的主流喜爱简单直接的冲泡茶叶，于是散茶大兴。

元代茶叶有草茶、末茶之分。王祯在《农书》中又分作茗茶、本茶与腊茶3种。"腊茶"，也称"蜡面茶"，是建安一带对团茶、饼茶的俗称。

早在宋代时，欧阳修不但证实其时片茶、散茶已各自形成了自己的专门产区和技术中心，并且也清楚指出，早在北宋景祐前后，我国各地的散茶生产，就出现了一个互比相较、竞相发展的局面。

所谓"腊茶出于剑、建，草茶盛于两浙"，前者是指团饼的精品，也即主要就紧压茶的制作技术而言的；后者是指散茶的区域，主要就散茶生产的数量而言的。茗茶显然也是指草茶、散茶。

从这种分法也可见元代散茶发展已超过末茶和腊茶，处于过渡阶段。元初马端临《文献通考》载："茗有片，有散，片者即龙团，旧法，散者则不蒸而干之，如今之茶也。始知南渡之后，茶渐以不蒸为贵矣。"也说明了这种转变趋势。

元代的饮茶呈现出4种不同的类型：

一是文人清饮，采茶后杀青、研磨，但不压做成饼，而是直接储存，饮用方式为点茶法，与宋代点饮法区别不大；

第二种为撮泡法，采摘茶叶嫩芽，去青气后拿来煮饮，近似于茶叶原始形态的食用功能；

第三种是调配茶或加料茶，在晒青毛茶中加入胡桃、松实、芝

麻、杏、栗等干果一起食用。这种饮茶的方法十分接近后世在闽、粤等客家地区流传的"擂茶"茶俗。

第四种是腊茶，也就是宋代的贡茶"团茶"，但当时数量已减少许多，主要供应宫廷。

元代的饮茶风尚也是饼、散并行，重散轻饼，具有过渡性的特点。腊茶饮法是先用温水微渍，去膏油，以纸裹胆碎，用茶针微灸，然后碾罗煎饮，与宋代相似，但"此品惟充贡献，民间罕见之"。

末茶饮法是"先焙芽令燥，入磨细碾，以供点试"，但"南方虽产茶，而识此法者甚少"。茗茶则是采择嫩芽，先以汤泡去熏气，以汤煎饮之，"今南方多仿此"。

元代由于散茶的普及流行，茶叶的加工制作开始出现炒青技术。

炒青绿茶自唐代已经有了。唐代诗人刘禹锡《西山兰若试茶歌》中言道："山僧后檐茶数丛……斯须炒成满室香"，又有"自摘至煎俄顷余"之句，说明嫩叶经过炒制而满室生香，又炒制时间不长，这

是关于炒青绿茶最早的文字记载。

在元代，花茶的加工制作也形成完整系统。汉蒙饮食文化交流，还形成具蒙古特色的饮茶方式，开始出现泡茶方式，即用沸水直接冲泡茶叶。这些为明代炒青散茶的兴起奠定了基础，炒青制法日趋完善。

在元代饮茶简约之风的影响下，元代茶书也难得见到。连当时司农司撰的《农桑辑要》、王祯《农书》和鲁明善《农桑衣食撮要》等书中，有关茶叶栽培和制作的记载，也几乎全是采录之词。

不过，元代也有一些关于茶的诗词流传于世。如诗人洪希文的词《浣溪沙·试茶》等。

元代不到百年的历史使茶具艺术脱离了宋人的崇金贵银、夸豪斗富的误区，进入了一种崇尚自然，返璞归真的茶具艺术境界，这也极大地影响了明代茶具的整体风格。

元代不注重茶马互市，但因平民需要，利益极大，同样榷茶专卖。在建元不足百年期间，我国的疆域空前广阔，辽阔的疆域、多样的民族，促使元代茶业兴旺发达。当时经官方允许的茶叶贸易量是非常大的，而民间为利所趋，走私贸易也当不在少数。随着蒙元帝国的开疆拓土，饮茶之风随之席卷欧亚。

知识点滴

达于极盛的明清茶文化

    明清时期，我国茶业出现了较大的变化，唐宋茶业的辉煌，主要是表现在茶学的深入及茶叶加工，特别是贡茶加工技术精深。而明清时期的茶学、茶业及至茶文化，因经过宋元时代发生了很大变化，形成了自身的特色。

    1391年，明太祖朱元璋下诏："罢造龙团，惟采茶芽以进。"从此向皇室进贡的是芽叶形的蒸青散茶。

    皇室提倡饮用散茶，民间自然效法，并且将煎煮法改为随冲泡随饮用的冲泡法，这是饮茶方法上的一次革新，从此改变了我国千古相沿成习的饮茶方法。

    这种冲泡法，对于茶叶加工技术的进步起了推动的作用，如改进蒸青技术、炒

青技术等，少数地方采用了晒青，并开始注意到茶叶的外型美观，把茶揉成条索，所以后来一般饮茶就不再煎煮，而逐渐改为泡茶。

由于泡茶简便、茶类众多，烹点茶叶成为人们一大嗜好，饮茶之风更为普及。

明清时期在原有的基础上，出现了不少新的茶叶生产加工技术。如明末清初方以智《物理小识》中记到"种以多子，稍长即移"。说明在明朝，有些地方除了直播以外，还采用了育苗移栽的方法。

到了康熙年间的《连阳八排风土记》中，已有茶树插枝繁殖技术。此外，在清代闽北一带，对一些名贵的优良茶树品种，还开始采用了压条繁殖的方法。

明清两朝在散茶、叶茶发展的同时，其它茶类也得到了全面发展，包括黑茶、花茶、青茶和红茶等。

青茶，也称乌龙茶，是明清时首先创立于福建的一种半发酵茶类。红茶创始年代和青茶一样，其名最先见之于明代初期刘伯温的《多能鄙事》一书。

到了清代以后，随着茶叶外贸发展的需要，红茶由福建很快传到江西、浙江、安徽、湖南、湖北、云南和四川等省。在福建地区，还

形成了工夫小种、白毫、紫毫、选芽、漳芽、兰香和清香等许多名品。

明代品茶方式的更新和发展，突出表现在饮茶艺术性的追求。明代兴起的饮茶冲瀹法，是基于散茶的兴起，散茶容易冲泡，冲饮方便，而且芽叶完整，大大增强了观赏效果。明代人在饮茶中，已经有意识地追求一种自然美和环境美。

明人饮茶重饮茶环境，这种环境包括饮茶者的人数和自然环境。当时对饮茶的人数有"一人得神，二人得趣，三人得味，七八人是名施茶"之说，对于自然环境，则最好在清静的山林、俭朴的柴房、清溪、松林，以去喧闹嘈杂之声。

在茶园管理方面，明代在耕作施肥，种植要求上更加精细，在抑制杂草生长上和茶园间种方面，都有独到之处。

此外，明代在掌握茶树生物学特性和茶叶采摘等方面有了较大提高和发展。从制茶技术看，元人王祯《农书》所载的蒸青技术，虽已完整，但尚粗略，明代时制茶炒青技术发展逐渐超过了蒸青方法。

明代随着制茶工艺技术的改进，各地名茶的发展也很快，品类日见繁多。宋代时的知名散茶寥寥无几，提及的只有日注、双井、顾渚等几种。但是，到了明代，仅黄一正的《事物绀珠》一书中辑录的"今茶名"就有97种之多，绝大多数属散茶。

明代散茶的兴起，引起冲泡法的改变，原来唐宋模式的茶具也不再适用了，茶壶被广泛应用于百姓的茶饮生活中，明代的茶盏发生了变化，厚粗的黑釉盏退出了茶具舞台，取而代之的是晶莹如玉的白釉盏。除白瓷和青瓷外，明代最为突出的茶具是宜兴的紫砂壶。紫砂茶具不仅因为瀹饮法而兴盛，其形制和材质，更迎合了当时社会所追求的平淡、端庄、质朴、自然、温厚、闲雅等的精神需要。

紫砂茶具始于宋代，到了明代，由于横贯各文化领域溯流的影响，文化人的积极参与和倡导、紫砂制造业水平提高和即时冲泡的散茶流行等多种原因，逐渐走上了繁荣之路。

宜兴紫砂茶具的制作，相传始于明代正德年间，当时宜兴东南有座金沙寺，寺中有位被尊为金沙僧的和尚，平生嗜茶，他选取当地产的紫砂细砂，用手捏成圆坯，安上盖、柄、嘴，经窑中焙烧，制成了中国最早的紫砂壶。此后，有个叫供春（又称供龚春、龚春）的家僮跟随主人到金沙寺侍卖，他巧仿老僧，学会了制壶技艺，所制壶被称为"供春壶"，视为珍品。供春也被称为紫砂壶真正意义上的鼻祖，第一位制壶大师。

到明万历年间，出现了董翰、赵梁、元畅、时朋"四家"，后又出现时大彬、李仲芳、徐友泉"三大壶中妙手"。当时有许多名文人都在宜兴定制紫砂壶，还题刻诗画在壶上，他们的文化品味和艺术鉴赏也直接左右着制壶匠们，如著名书画家董其昌、著名文学家赵宦光等，都在宜兴定制且题刻过。

我国是最早为茶著书立说的国家，明代达到兴盛期，而且形成鲜明特色。明太祖朱元璋第17子朱权于1440年前后编写《茶谱》一书，对饮茶之人、饮茶之环境、饮茶之礼仪等作了详细的介绍。

明代在茶文化艺术方而的成就也较大，除了茶片、茶画外，还产生众多的茶歌、茶戏，以及反映茶农疾苦、讥讽时政的茶诗，如高启的《采茶词》等。清朝满族祖先本是我国东北地区的游猎民族，肉食为主，进入北京后，不再游猎，而肉食需要消化功效大的茶叶饮料。于是普洱茶、女儿茶、普洱茶膏等，深受帝王、后妃等贵族们喜爱，有的用于泡饮，有的用于熬煮奶茶。

嗜茶如命的乾隆皇帝，一生与茶结缘，品茶鉴水有许多独到之处，也是历代帝王中写作茶诗最多的一个，晚年退位后，在北海镜清斋内专设"焙茶坞"，悠闲品茶。

清代民间大众饮茶方法的讲究表现在很多方面，如"杭俗烹茶，用细茗置茶瓯，以沸汤点之，名为摄泡"。当时，人们泡茶时，茶壶、茶怀要用开水洗涤，并用干净布擦干，茶杯中的茶渣必须先倒掉，然后再斟。闽粤地区民间，嗜饮功夫茶者甚众，故精于此"茶道"之人亦多。

到了清代后期，由于市场上有六大茶类出售，人们不再单饮一种茶类，而是根据各地风俗习惯选用不同茶类，如江浙一带人，大都饮绿茶，北方人喜欢喝花茶或绿茶。

清代以来，在我国南方广东、福建等地盛行工夫茶，工夫茶的兴盛也带动了专门的饮茶器具的发展。如铫，是煎水用的水壶，以粤东

白泥铫为主，小口瓷腹；茶炉，由细白泥制成，截筒形，高一尺二三寸；茶壶，以紫砂陶为佳，其形圆体扁腹，努嘴曲柄大者可以受水半斤，茶盏、茶盘多为青花瓷或白瓷，茶盏小如核桃，薄如蛋壳，甚为精美。

明清之际，特别是清代，我国的茶馆作为一种平民式的饮茶场所，如雨后春笋，发展很迅速。

清代是我国茶馆的鼎盛时期。据记载，仅北京就有知名的茶馆三十多家。清末，上海更多，达到六十多家。

茶馆是我国茶文化中的一个很重要的内容，清代茶馆的经营和功能一是饮茶场所，点心饮食兼饮茶，二是听书场所。再者，茶馆有时也充当"纠纷裁判场所"。"吃讲茶"指的就是邻里乡间发生了纠纷后，双方常常邀上主持公道的中间人，至茶馆去评理以求圆满解决。

知识点滴

我国茶文化在经历了唐代初兴、宋代发展、明清鼎盛这三大历史阶段之后，使得"茶"作为日常生活不可缺少的部分。我国古代参禅以茶，慎独以茶，书画以茶，待客以茶，诗酒以茶，清赏以茶……包罗万象，而使得明清瓷器、工艺品与我国茶文化紧密相关，明清时期的茶具，就像百花齐放、争奇斗艳的春天，让中华的茶文化锦上添花、绚烂多彩，成为不可或缺的茶文化载体，完美地呈现我国茶文化的博大精深。

西湖龙井

　　西湖龙井茶，因产于我国杭州西湖的龙井茶区而得名，是我国十大名茶之一，已有1200多年的历史。明代列为上品，清顺治列为贡品。龙井既是地名，又是泉名和茶名，龙井茶有"四绝"，即色绿、香郁、味甘、形美。

　　西湖龙井茶与西湖一样，是人、自然、文化三者的完美结晶，她承载着深厚的西湖历史文化，是体现西湖文化的典型代表，是西湖地域文化的重要载体。古往今来，杭州不仅以美丽的西湖闻名于世界，也以西湖龙井茶享誉国内外。

西湖龙井出产绝世佳茗

传说在很久以前，王母娘娘在天庭举行盛大的蟠桃会，各地神仙应邀赴会，神童仙女，吹奏弹唱，奉茶献果，往返不绝。

正当地仙捧着茶盘送茶时，忽听善财童子嚷道："地仙嫂得了重病，在床上翻滚乱叫，快快去！"地仙听了一惊，稍不留神，茶盘一

歪，一只茶杯骨碌碌地翻落到尘世间去了，地仙惊得七魂出窍，脸色煞白。

这时，八仙之一的吕洞宾一算，明白是怎么一回事了，忙接过地仙的茶盘，把仅有的七杯茶分给七洞神仙，自己面前空着，并掏出一粒神丹对地仙说道："快拿去救了你娘子，就下凡找茶杯去吧，这儿我暂时替你照应着"。地仙非常感激，道谢后就走了。

地仙一个筋斗下了到凡间，落到杭州，变成了一个和尚，便到西边的山上寻茶杯。

这天，地仙看见有座山像只狮子蹲着，秀石碧壑。山间竹林旁有座茅草房，门口坐着一位80多岁的大娘。大娘家的周围有18棵野山茶树，家门口的路是南山农民去西湖的必经之路，行人走到这里总想稍事休息，于是老太太就在门口放一张桌子，几条板凳，同时就用野山茶叶沏上一壶茶，让行人歇脚。

地仙上前施礼问道："老人家，这儿是啥地方？"

老大娘答到："叫晖落坞。听先辈说，有天晚上，突然从天上'忽隆隆'地落下万道金光，从此这儿就叫作晖落坞了。"

地仙听了心里又惊又喜，赶紧东张张，西望望，忽然眼睛一亮，大娘房旁有口堆满灰土的旧石臼，里面长满了苍翠碧绿的青草。有根蜘蛛丝晶莹闪亮，从屋檐边直挂到石臼里。地仙心中叫道："那不是

我的茶杯吗？"

地仙明白了，这只蜘蛛精在偷吸仙茗呢，忙说："老施主，我用一条金丝带换你这石臼行吗？"

大娘说："你要这石臼子吗？反正我留着也无用，你拿去吧！"地仙想，我得去找马鞭草织一条九丈九尺长的绳子捆住才好拎走。

地仙刚离去，大娘心想，这石臼儿脏呢，怎么沾手呀！于是找来勺子，把灰土都掏出，倒在房前长着18棵茶树的地里，又找块抹布来擦揩干净。

不料这一下惊动了蜘蛛精，蜘蛛精还以为有人来抢他的仙茗呢！一施魔法，"喀喇喇"一声巨响，将石臼打入了地底深层。地仙带绳回转一看，石臼不在了，只好空手回天庭了。

后来，被打入地下的"茶杯"成了一口井，曾有龙来吸仙茗，龙去了，留下一井水。这就是传说中的龙井。

第二年春天，大娘家周围那18棵茶树嫩芽新发，长得比往年好，且石臼泼水的地方又长出无数棵茶树，这就是龙井茶叶的来历。

龙井原名龙泓，是一个圆形的泉池，大旱不涸，古人以为此泉与海相通，其中有龙，因称龙井，传说晋代葛洪曾在此炼丹。

龙井之水的奇特之处在于，搅动它时，水面上就出现一条分水线，仿佛游丝一样不断摆动，人们以为"龙须"，然后慢慢消失，令人叹为奇观。

离龙井500米左右的落晖坞有一龙井寺，俗称老龙井，创建于五代时期949年，初名为报国看经院，北宋时期改名为寿圣院，南宋时又改称为广福院、延恩衍庆寺，明代于1438年才迁移至井畔。老龙井寺庙前的18棵茶树经过仙露的滋润，长得越来越茂盛，品质超群。

龙井茶虽得名于龙井，但并不仅限于龙井一处，根据产地分狮、龙、云、虎、梅，即狮峰、龙井、云栖、虎跑、梅家坞五地，都在西湖四周。

"天下名茶数龙井，龙井上品在狮峰。"狮峰龙井之所以驰名，据说源于清乾隆皇帝。

乾隆皇帝下江南时，微服来到杭州龙井村狮峰山下。胡公庙老和尚陪着乾隆皇帝游山观景时，忽见几个村女喜洋洋地正从庙前18棵茶树上采摘新芽，乾隆一高兴，快步走入茶园中，也学着采起茶来。

乾隆帝刚采了一会，忽然太监来报："皇上，太后有病，请皇上急速回京。"乾隆一听太后有病，不觉心里发急，随即将手中茶芽向袋内一放，日夜兼程返京，回到宫中向太后请安。其实，太后并无大病，只是一时肝火上升，双眼红肿，胃中不适。

太后忽见皇儿到来，心情好转，又觉一股清香扑面而至，忙问道："皇儿从杭州回来，带来了什么好东西，这样清香？"

乾隆皇帝也觉得奇怪，我匆匆而回，未带东西，哪来的清香？仔细闻闻，确有一股馥郁清香，而且来自袋中。他随手一摸，原来是在杭州龙井村胡公庙前采的一把茶叶，时间一长，茶芽夹扁了，已经干燥，并发出浓郁的香气。

太后想品尝一下这种茶叶的味道，宫女将茶泡好奉上，果然清香扑鼻，饮后满口生津，回味甘醇，神清气爽。饮下三杯之后，眼肿消散，肠胃舒适。太后大喜，称："杭州龙井茶真是灵丹妙药。"

西湖云栖因竹多叶密、含水生云，云栖雾留、又长翠竹。温度与湿度极佳，土质好，适宜种茶，因此这里的西湖龙井独具风味。

虎跑泉澈，水质纯净，甘冽醇厚，用这里的泉水泡出的龙井茶，清香溢口，沁人心脾，被誉为"西湖双绝"。

传说唐代高僧性空曾住在虎跑泉所在的大慈山谷，见此处风景优美，欲在此建寺，却苦于无水。一天，性空梦见二虎跑地处，有清泉涌出。第二天醒来后在山谷在寻找，果然见甘泉，性空不禁欣喜异常。此泉即被称为虎跑泉。

"龙井茶，虎跑水"，这是闻名中外的杭州西湖的双绝，好茶加好水，为美丽的西湖增添了光彩。

梅家坞位于杭州西湖风景区腹地，云栖西2千米的琅珰岭北麓的山坞里，四周青山环绕，茶山叠嶂。这里出产色绿、香郁、味醇、形美的龙井茶叶。

梅家坞龙井茶的辉煌，与西汉时期梅福种植野生云雾茶、梅氏世代专长种茶有着很深的渊源关系。

据说在西汉末期，江西南昌官员梅福隐退，辗转来到杭州与玲珑山相邻的垂溜山结庐隐居，梅福的子孙在东天目山脚下繁衍生息，以种茶制茶为生。到明、清时期，大泉村梅姓已繁衍到70余户，村名始改梅家头。清乾隆年间，梅氏分支又迁至杭州天竺山下一处山坞中，此处就是著名的龙井茶乡梅家坞。当时《临安县志》记载："梅家坞属西湖区龙井乡，产龙井茶……"。

自古以来，我国都有"十里梅坞蕴茶香"的说法，说明梅家坞是一个因茶而兴的地方。

知识点滴

　　杭州西湖边的狮峰山、龙井村、灵隐、五云山、虎跑、梅家坞一带，土地肥沃，周围山峦重叠，林木葱郁，地势北高南低，既能阻挡北方寒流，又能截住南方暖流，茶区上空常年凝聚着云雾。良好的地理环境，优质的水源，为茶叶生产提供了得天独厚的自然条件。龙井茶被誉为"中国第一茶"，实在是得益于这山泉雨露之灵气。龙井茶除西湖龙井外，还有钱塘龙井、越州龙井，其他两地产的俗称为浙江龙井茶。

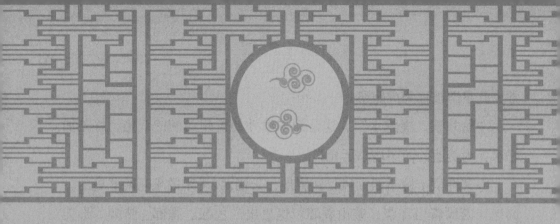

宋代文人青睐龙井香茶

　　龙井茶历史悠久，最早可追溯到唐代，当时著名的茶圣陆羽，在所撰写的世界上第一部茶叶专著《茶经》中，就有杭州天竺、灵隐二寺产茶的记载。

　　但在唐代的时候，龙井茶名气尚不显，到了宋代，西湖茶开始崛起，由于这时杭州出现了贡茶。

　　北宋时期，龙井茶区已形成规模，当时灵隐下天竺寺香林洞的"香林茶"，上天竺寺白云峰的"白云茶"和葛岭宝云山的"宝云茶"被列为贡品。西湖茶开始令

人刮目相看，声名日盛。

北宋时，下天竺寺香林洞所产的"香林茶"是西湖茶的代表。香林茶继南朝和唐代遗风，传承久远，品质优异，其名与下天竺寺飞来峰东麓的香林洞有关。

据南宋《淳祐临安志》卷九载：下天竺岩下，石洞深窈，可通佳来，名云香林洞，慈云法师有诗"天竺出草条，因号香林茶"。其洞与香桂林相近。

龙井茶的发展，经历了一个漫长的历史过程。从苏东坡"白云山下两旗新"的诗句中可以认为，在北宋时，杭州上天竺寺白云峰下出产的茶叶具有龙井茶的雏形，"两旗"表明是茶叶冲泡时的外观特征。

"茶兴于唐，盛于宋"，宋代杭州的茶肆、茶馆几乎遍布街巷，茶已经与米盐相同，成为举国之炊。但此时尚无人们喝"龙井茶"的文字记载。宋代的吴自牧在《梦粱录》中也只记载杭州有"宝云茶，香林茶，白云茶"。

宋代文学家林和靖在《尝茶次寄越僧灵皎》中咏白云茶道："白云峰下两枪新，腻绿长鲜谷雨春。静试恰看湖上雪，对尝兼忆刘中人。瓶悬金粉师应有，筯点琼花我自珍。清话几时搔首后，愿和松色劝三巡。"

宋代的西湖茶之所以能够崛起，不仅因为它成为贡茶，而且还有一个重要的原因，那就是它屡屡见诸于诗人名家的华章，被吟之诵之，广誉天下。

北宋两任杭州知府赵抃，在元丰二年仲春离杭归田之际，出游南山宿龙井，与辩才促膝长谈。元丰甲子年，赵抃再度去龙井，看望老友辩才，在龙泓亭赋《重游龙井》诗一首：

> 湖山深处梵王家，半纪重来两鬓华。
> 珍重老师迎意厚，龙泓亭山点龙茶。

小龙茶即是西湖龙井茶的前身，此诗记述了旧地重游，辩才大师款待品饮小龙茶的欣喜。

到了南宋，杭州成了国都，茶叶生产有了很大的发展。而真正意义上的"龙井茶"直到元代才出现。

元代诗人虞集游龙井，品尝到了用龙井泉水烹煎的雨前新茶，称赞不绝，作《游龙井》诗。诗曰：

......

烹煎黄金芽，不取谷雨后。

同来二三子，三咽不忍嗽。

这首诗把龙井与茶连在一起，被认为是关于龙井茶的最早记录。可见当时僧人居士看中龙井一带风光幽静，又有好泉好茶，故结伴前来饮茶赏景。

虞集把龙井茶的采摘时间、品质特点、品饮时的情状都作了生动的描绘。诗中提到该茶为雨前茶，香味强烈，龙井泉水也很清美，青翠的群山映照在瓢水中。直至后世，龙井茶也都以谷雨前的为贵。

知识点滴

辩才法师，俗名徐无象，浙江临安于潜人。少年出家，法名"元净"。他18岁到杭州上天竺寺，师从慈云法师。25岁时，皇恩赐紫衣，并加赐法号"辩才"，后任上天竺寺住持。北宋元丰二年，辩才从上天竺寺退居龙井村寿圣院，在狮峰山麓开山种茶，品茗诵经，以茶学文，过着隐居生活。而龙井茶名在古代志书、诗文中，最早是以地方命名，从这个意义上说，辩才当为龙井种茶的开山祖。

明清时期的西湖龙井

到了明代，龙井茶开始越来越多地出现在文人墨客的笔下，名声逐渐远播，开始走出寺院，为平常百姓所饮用。

在明代文学家屠隆写的《龙井茶歌》中，就有"采取龙井茶，还念龙井水"的句子。此后，明代的茶书、方志、诗文中就频频出现"龙井茶"的字样。这就表明在明代，人们就已经用龙井水泡龙井茶

了，"龙井问茶"盛极一时。

明嘉靖年间的《浙江匾志》记载："杭郡诸茶，总不及龙井之产，而雨前细芽，取其一旗一枪，尤为珍品，所产不多，宜其矜贵也。"

明万历年间的《杭州府志》有"老龙井，其地产茶，为两山绝品"之说。《钱塘县志》又记载"茶出龙井者，作豆花香，色清味甘，与他山异。"此时的龙井茶已被列为我国之名茶。

明代黄一正收录的名茶录及江南才子徐文长辑录的全国名茶中，都有龙井茶。

明人陈眉公作《试茶》一诗云："龙井源头问子瞻，我亦生来半近禅。泉从石出情宜冽，茶自峰生味更园。此意偏于廉士得，之情那许俗只专。蔡襄夙辩兰芽贵，不到兹山识不全。"

明冯梦祯《龙井寺复先朝赐田记》记载："武林之龙井有二，旧龙井在风篁岭之西，泉石幽奇，迥绝人境，盖辩才老人退院。所辟山顶，产茶特佳，相传盛时曾居千众。少游、东坡先后访辩才于此。"

从诗中可知，龙井泉及龙井寺所在位置，乃是明朝时所定，而原龙井泉及老龙井寺，则位于风篁岭西落晖坞，即龙井村内。

如果说在明代龙井茶还介于诸名茶之间的话，到了清代，龙井茶则立于众名茶的前茅了。清代学者郝壹恣行考："茶之名者，有浙之龙井，江南之芥片，闽之武夷云。"

清乾隆皇帝六下江南时，曾四到天竺、云栖、龙井等地观看茶叶采制，品茶赋诗，并将狮子峰下胡公庙前的18棵茶树封为"御茶"，又在龙井古寺亲手题了"龙井八景"，从此，龙井茶更是声名远扬，问茶者络绎不绝。

西湖龙井因产地的不同，品质也不同。"狮峰龙井"香气高锐而持久，滋润鲜醇，色泽略黄，俗称糙米色；"梅坞龙井"外形挺秀、扁平光滑，色泽翠绿；"西湖龙井"叶质肥嫩。

龙井茶一年可多次采摘，分春茶、夏茶和秋茶。其采制技术相当考究，十分强调细嫩和完整，开采日全家吃青团，炒茶夜要吃红糖鸡蛋。采制有三大特点：一是早，二是嫩，三是勤。

在清明前采制的叫"明前茶"，美称女儿红，"院外风荷西子笑，明前龙井女儿红。"如此绝美的诗句堪称西湖龙井茶的绝妙写真。

谷雨前采制的叫"雨前茶"，向有"雨前是上品，明前是珍品"的说法，还有"早采三天是宝，晚采三天是草"的说法。

龙井茶泡饮时，但见芽芽直立，汤色清洌，幽香四溢，尤以一芽一叶、俗称"一旗一枪"者为极品。

清代以前，龙井茶按产期先后及芽叶嫩老，分为八级，即"莲心、雀舌、极品、明前、雨前、头春、二春、长大"。

清代以后，龙井茶细分为十一级，即特级与一至十级，特级为一芽一叶初展，扁平光滑。

春茶中的特级西湖龙井、浙江龙井外形扁平光滑，苗锋尖削，色泽嫩绿，体表无茸毛，汤色嫩绿明亮，滋味清爽或浓醇，叶底嫩绿，尚完整。

其余各级龙井茶随着级别的下降，外形色泽由嫩绿—青绿—墨绿，茶条由光滑至粗糙；香味由嫩爽转向浓粗，四级茶开始有粗味。

　　从春茶开始，由茶芽萌发到新梢形成的时期，对鲜叶有不同的称呼。一般来说，高档茶应于清明前采摘，只采单芽"龙牙"和一芽一叶初展的"雀舌"；中档茶于谷雨前采摘，采下的鲜叶称旗枪和糙旗枪；低档茶于谷雨后采摘，采下的鲜叶称象大。

　　很早以前，龙井茶采摘更讲究，清明前茶蓬上只露出芽头时就开采，采下的全是芽头。"谷雨茶，满把抓"，对于一向以采摘精细、原料细嫩著称的龙井茶采说，谷雨后的鲜叶已属粗老原料。

　　清代，龙井茶立于众名茶前茅，后世更成为我国名茶之首。近人徐珂称："各省所产之绿茶，鲜有作深碧色者，唯吾杭之龙井，色深碧。茶之他处皆蜷曲而圆，唯杭之龙井扁且直。"

知识点滴

　　龙井茶之名始于宋，闻于元，扬于明，盛于清。在这一千多年的历史演变过程中，龙井茶从无名到有名，从老百姓饭后的家常饮品到帝王将相的贡品，从汉民族的名茶到走向世界的名品，开始了它的辉煌时期。从龙井茶的历史演变看，龙井茶之所以能成名并发扬光大，一则是龙井茶品质好，二则离不开龙井茶本身的历史文化渊源。

　　龙井茶不仅仅是茶的价值，也是一种文化艺术的价值，里面蕴藏着较深的文化内涵和历史渊源。

碧螺春

　　绿茶碧螺春，为我国十大名茶之一，产于江苏苏州太湖洞庭山。太湖水面，水气升腾，雾气悠悠，空气湿润，土壤质地疏松，极宜于茶树生长。洞庭碧螺春以形美、色艳、香浓、味醇被称为"四绝"。碧螺春条索紧结，蜷曲成螺，边沿上有一层均匀的细白绒毛。闻名于中外。

　　据记载，碧螺春茶叶早在隋唐时期即负盛名，有千余年的历史，传说清康熙皇帝南巡苏州时赐名"碧螺春"。

洞庭山育出珍品碧螺春

在我国美丽的太湖东南部，屹立着一座洞庭山，它由洞庭东山与洞庭西山组成，东山是一个宛如巨舟伸进太湖的半岛，上面有洞山与庭山，故称洞庭东山，古称胥母山，传说因伍子胥迎母于此而名。

西山是太湖里最大的岛屿，因位于东山的西面，故称西山，全称洞庭西山。东山与西山隔水相望，相距咫尺。

相传很久很久以前，在洞庭西山上住着一位勤劳、善良的孤女，名叫碧螺。碧螺生得美丽、聪慧，喜欢唱歌，且有一副圆润清亮的嗓子，她的歌声，如行云流水般的优美清脆，山乡里的人都喜欢听她唱歌。

而与西山隔水相望的洞庭东

山上，有一位青年渔民，名
为阿祥。阿祥为人勇敢、正
直，又乐于助人，在吴县洞
庭东、西山一带方圆数十里
的人们都很敬佩他。

碧螺姑娘那悠扬宛转的
歌声，常常飘入正在太湖上
打鱼的阿祥耳中，阿祥被碧
螺的优美歌声所打动，于是
默默地产生了倾慕之情，却无由相见。

这一年早春里的一天，太湖里突然跃出一条凶恶的龙，蟠居在湖
山，强使人们在西洞庭山上为其立庙，且要每年选一少女为其做"太
湖夫人"。太湖人民不应其强暴要求，恶龙乃扬言要荡平西山，劫走
碧螺姑娘。

阿祥闻讯后怒火中烧，义愤填膺，为保卫洞庭乡邻与碧螺姑娘的
安全，维护太湖的平静生活，阿祥趁更深夜静之时潜游至西洞庭，手
执利器与恶龙交战，连续大战七个昼夜，阿祥与恶龙俱负重伤，倒卧
在洞庭之滨。

乡邻们赶到湖畔，大家一齐斩除了恶龙，并将已身负重伤，倒在
血泊中的阿祥救回村里。阿祥因伤势太重，已处于昏迷之中。

碧螺为了报答救命之恩，要求把阿祥抬到自己家里，亲自护理，
为他疗伤。

一日，碧螺为寻觅草药，来到阿祥与恶龙交战处，猛然发现这里
生出了一株小茶树，枝叶繁茂。为纪念阿祥大战恶龙的功绩，碧螺便

将这株小茶树移植于洞庭山上并加以精心护理。

清明刚过，那株茶树便吐出了鲜嫩的芽叶，而阿祥的身体却日渐衰弱，汤药不进。碧螺在万分焦虑之中，陡然想到了这株以阿祥的鲜血育成的茶树，于是她跑上山去，以口衔茶芽，泡成了翠绿清香的茶汤，双手捧给阿祥饮尝。

阿祥饮了一杯后，精神顿时好了起来。碧螺从阿祥那刚毅而苍白的脸上第一次看到了笑容，她的心里充满了喜悦和欣慰。当阿祥问及是从哪里采来的"仙茗"时，碧螺将实情告诉了阿祥。

从此，碧螺每天清晨上山，将那饱含晶莹露珠的新茶芽以口衔回，揉搓焙干，泡成香茶给阿祥喝。

阿祥的身体渐渐复原了，可是碧螺却因天天衔茶，以至情相报阿祥而渐渐失去了元气，终于憔悴而死。

阿祥万没想到，自己得救了，却失去了美丽善良的碧螺，悲痛欲

绝，遂与众乡邻将碧螺葬于洞庭山上的茶树之下，为告慰碧螺的芳魂，于是就把这株奇异的茶树称之为碧螺茶。

后人每逢春季，就将采自碧螺茶树上的芽叶制成茶叶，其条索纤秀弯曲似螺，色泽嫩绿隐翠，清香幽雅，汤色清澈碧绿。

洞庭太湖虽历经沧桑，但那以阿祥的斑斑碧血和碧螺的一片丹心孕育而生的碧螺春茶，却仍是独具幽香妙韵，永惠人间……

碧螺春茶的采制加工技术具有"一嫩三鲜"的说法，即芽叶嫩，色、香、味鲜的特点，碧绿澄清，形似螺旋，满披茸毛，人们称之为"碧螺春"茶。

民间还有一个碧螺春茶传说，说是王母娘娘派仙鹤传的茶种。当时，太湖东山有一个叫朱元正的果农正在东山灵源寺畔的半山腰采摘野果，但见一只洁白的仙鹤飞过头顶，张开嘴落下来三颗青褐色枇杷核大小的种子后，就朝着远方飞走了。

朱元正捡起来一看，才知道这是茶籽，于是他将这茶籽种在了山腰下。因为这茶树是仙鹤所赐，再加上朱元正独特的焙制法，所以这茶叶的味道醇美清香，茶农于是惊呼"吓煞人香"，"吓煞人香"于是便成为碧螺春的俗名。

历代文人与碧螺春为友

生长于太湖之滨、洞庭山之巅的碧螺春，原只是山野之质，皆因天、地、人的宠爱才名满天下。东、西洞庭山，常年云蒸霞蔚，日月光华、天雨地泉浸浴着这里的茶树，也赋予其清奇秀美的气质。两山

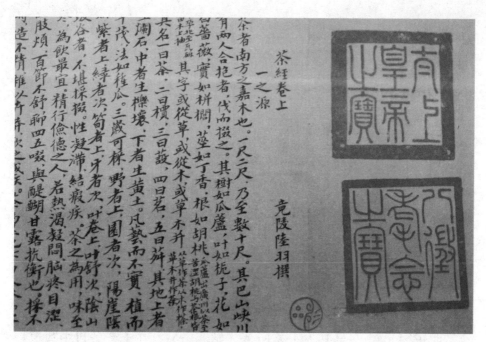

树木苍翠，泉涧漫流。花清其香，果增其味，泉孕其肉，碧螺春花香果味的天然品质正是如此孕育而成。

唐代茶圣陆羽《茶经》中，把苏州洞庭山碧螺春列为我国重要的茶叶产地之一，载有"苏州长洲县生洞庭山者，与金州、蕲州、梁州味同"，此时的茶叶已经加工为蒸青团茶。

北宋乐史撰《太平环宇记》，其中记载："江南东道，苏州长洲县洞庭山。按《苏州记》云，山出美茶，岁为入贡。

在宋代，洞庭山有一座名为水月的寺院，院内的僧侣善制茶，名为水月茶，实为碧螺春，受到当时权贵的喜爱。此茶的品质比唐代陆羽写《茶经》时明显提高，已成为入贡的上品茶。

宋代诗人苏舜钦到西山水月坞，水月寺僧曾将焙制的小青茶供其饮用，苏舜钦饮茶后，写下《三访上庵》诗赞此好茶。

到了明代，洞庭山出"云雾茶"、"雨前茗芽"。清初有"剔目"、

"片茶"，并逐渐形成了碧螺春。

明正德元年，吴县人王鏊所著《姑苏志》，在土产条目中写道："茶，出吴县西山，谷雨前采焙极细者贩于市，争先腾价，以雨前为贵也。"王鏊在《洞庭山赋》中称为"雨前茗芽"。

明人王世懋撰《二酉委谭》，其中载："时西山云雾新茗初至，张右伯适以见遗。茶色白，大作豆子香，几与虎丘埒。"

碧螺春是非常幸运的，因为明代的文人们，几乎都视碧螺春如挚友。"吴门画派四家"的沈周、文徵明、唐寅、仇英，他们以茶入画入诗，煮茶论茗无一不精。尤其是唐伯虎，他的画非同一般，尤其是茶画，是明代一绝。

唐伯虎出身于一个小商人家庭，父亲唐广德因家道中落，在姑苏吴趋坊皋桥开酒店。当时文徵明父亲文林去酒店喝酒，见唐寅才学过人，决定让唐寅与文徵明一起拜吴门画派创始人沈周为师。从此唐寅的绘画天赋得到了充分展现。后与沈周、文徵明、仇英合称为"明四家"，与文徵明、祝允明、徐祯卿合称为"吴中四杰"。唐伯虎的画风纤柔委婉、清隽生动。

明代的茶艺思想有两个突出特点，一是哲学思想加深，主张契合自然，茶与山水、天地、宇宙交融；二是民间俗饮不断发展，茶人友爱、和谐的思想不断地深入影响各阶层的人民。因此，在明代的茶文化中，也突出地反映了这些特点。茶画，作为茶文化的重要组成部分，茶艺思想更为突出。

唐伯虎一生爱茶，与茶结下了不解之缘。他爱茶，喝茶写茶画茶，留下了《琴士图》《品茶图》《事茗图》等茶画佳作。

"吴中四杰"之一的高启，也是爱茶如命，其案头常置碧螺春茶，使其诗文爽朗清逸，留下《采茶词》《陆羽石井》《石井泉》《烹茶》等茶诗数十首。

明代，碧螺春因文人的佳文画作，逐渐变得声名远播。

《事茗图》是唐伯虎茶画中一幅体现明代茶文化的名作。画中，他用自己熟练的山水人物画法，勾勒出高山流水，巨石苍松，飞泉急瀑。这些景色，或远或近，或显或隐，近者清晰，远者朦胧，既有清晰之美，又有朦胧之韵。在画的正中，一条溪水弯曲汩汩流过，在溪的左岸，几间房屋隐于松、竹林中，房下是流水，房上是云雾缭绕，此景宛如世外桃源。唐伯虎的茶画意境优美，给人带来自然生机和文化希冀。

知识点滴

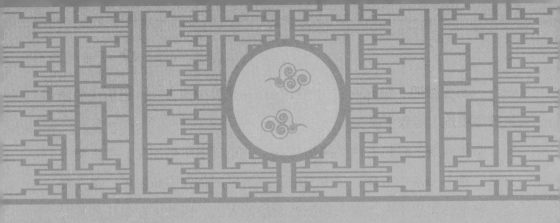

名扬天下的明清碧螺春

洞庭碧螺春产区是我国著名的茶、果间作区。茶树和桃、李、杏、梅、柿、桔、白果、石榴等果木交错种植，一行行青翠欲滴的茶蓬，像一道道绿色的屏风，一片片浓荫如伞的果树，蔽覆霜雪，掩映秋阳。茶树、果树枝桠相连，根脉相通，茶吸果香，花窨茶味，陶冶着碧螺春花香果味的天然品质。

洞庭东山著名的碧螺春茶树，树高二三尺至七八尺，四时不凋，二月发芽，叶如栀子，秋花如野蔷薇，清香可爱，实如枇杷核大小，根一枝直下，不能移植。

碧螺春产于洞庭山区，东、西两山虽一脉相承，但中间隔着湖水，交通不

便，所以，东西两山在相同的年份同时形成的碧螺春有先有后。

1595年前后，明代张源撰写的《茶录》中有许多关于茶的记录。《茶录》记称，这时洞庭西山一带，对于采茶的时间、天气、地点都有比较严格的要求。

碧螺春茶采摘时间较早，一般在谷雨前后采摘。炒制时要做到"干而不焦，脆而不碎，青而不腥，细而不断"。因此外形卷曲如螺，昔毫毕露，细嫩紧结，叶底如雀舌，水色浅，味醇而淡，香气清高持久，回味隽永。

关于制茶，芽茶、叶茶的制法，元人王祯《农书》和《农桑撮要》中就已记及，但讲的是蒸青制作，所载也很简略。

张源《茶录》中就不再提蒸青，专讲炒青，而且较为具体。其工序为将"新采"的鲜叶，拣去老叶及枝梗碎屑，茶锅广二尺四寸，将茶一斤半焙之。候锅极热，始下茶急炒。火不可缓，进行高温杀青。待熟方退火，然后撒入筛中，轻团数遍，进行揉捻，最后复下锅中，渐渐减火，焙干为度。但是焙干还不算结束，《茶录》称在焙干后，要将"始干"的茶先盛盒中，外以纸封口，过三日，俟其性复，复以微火焙极干，待冷才能正式贮存坛中。

《茶录》不但对当时苏州洞庭炒青制茶工艺记述得很完整，而且

对苏州和洞庭一带的制茶经验，总结得也很精辟。

这些制茶经验真切地代表和反映了明末清初苏州乃至整个太湖地区炒青技术的实际最高水平。

明代至清初，洞庭山的茶叶产品比较多。据清代王应奎《柳南随笔》记载：清圣祖康熙皇帝，于1699年春第三次南巡车驾幸太湖。巡抚宋荦从当地制茶高手朱正元处购得精制的"吓煞人香"进贡，康熙帝以其名不雅驯，取其色泽碧绿，卷曲似螺，春时采制，又得自洞庭碧螺峰等特点，钦赐其美名"碧螺春"。

自康熙赐名之后，碧螺春声名大震，成为清宫的贡茶。因清朝的历代皇帝视碧螺春为珍品，每年必办进贡朝廷，使得宫廷茗饮之风颇盛。后来，内务府为此专门设立了"御茶房"。清代顾禄的《清嘉录》书中特辑"茶贡"苏州碧螺春一节，以示对该茶的重视。

清明前后，枝盛叶茂，茶香飘逸。乾隆在太湖边品尝了碧螺春绿茶后，对其冲泡出来的绿汤澄汁，"一嫩三鲜"大加赞赏。"一嫩"即一芽，"三鲜"则指色香味。

这一时期，洞庭山的茶叶种类有西山云雾、包山剔目、东山片茶，也有专销蒙古的粗杂茶。除后者外，品质都是苏州碧螺春较优，可与同时期的"虎丘茶"、"松萝"媲美，而且在采摘时间、原料外观和内质等方面的要求开始趋向碧螺春。

碧螺春茶出现后，不仅借助帝王将相的青睐而名扬天下，更为重要的是，它吸引了众多文人学者的崇尚宣扬，其生产、加工、包装销售、品饮技艺的亦不断提升。

在采摘碧螺春之前，需要细致周密的准备。离茶季一个月前，茶农要把竹匠请到家中，劈篾编做活修补茶篓，接着整修茶灶，购置茶锅，需用小石块擦洗，除去锈斑，至锅洁净发亮后才能炒茶。

小伙子们则要扎炒茶时必备的横形棕掸帚，因碧螺春搓团时，总有一些洁白的茸毛蓬到锅沿上，待茶叶起锅时，需用棕掸帚轻轻地把白毫毛掸入干茶中，茸毛越多，茶叶质量就越高。上山收集松针叶是迎茶的准备工作之一，因火候是炒碧螺春的关键所在，故灶火要随着炒茶手的需要，忽旺忽灭，瞬间变化。松针纤细易旺，用膛灰一压又

易于熄灭，因而干松针是最为理想的炒茶燃料。

刚出道的炒茶新手，或想进一步提高炒茶手艺的小伙子，要把村中最有名的炒茶手请到家中，用紫砂壶泡一壶好茶，恭恭敬敬地把茶壶双手递给师傅，洗耳恭听，不请酒，但要付给师傅一定的酬金。

碧螺春茶从春分开始开采，至谷雨结束，采摘的茶叶为一芽一叶，对采摘下来的芽叶还要进行拣剔，去除鱼叶、老叶和过长的茎梗。一般多在清晨采摘，中午前后来拣剔质量不好的茶片，下午至晚上进行炒茶。

一斤碧螺春要用5.5万至6万个嫩芽制成，每个嫩芽又要拣去裤子瓣，成一旗一枪的嫩尖，壮如雀舌，一个人采半天茶，还需拣半天才能完成。但一到谷雨季节，茶芽生长特别快，就改为白天整日采茶，夜里拣剔与炒制，日夜忙碌了。

后世根据碧螺春的特点，发展出一套茶艺，共十二道程序：

一为焚香通灵。我国茶人认为"茶须静品，香能通灵。"在品茶之前，首先点燃一支香，让心平静下来，以便以空明虚静之心，去体悟这碧螺春中所蕴含的大自然的信息。

二为仙子沐浴。晶莹剔透的玻璃杯子好比是冰清玉洁的仙子，"仙子沐浴"也就是再清洗一次茶杯，以表示对饮茶人的崇

敬之心。

三为玉壶含烟。在烫洗了茶杯之后，不用盖上壶盖，而是敞着壶，让壶中的开水随着水汽的蒸发而自然降温。壶口蒸汽氤氲。

四为碧螺亮相。就是请客人传看碧螺春干茶的形美、色艳、香浓、味醇"四绝"，赏茶是欣赏它的第一绝："形美"。

五为雨涨秋池。向玻璃杯中注水，水只宜注到七分满，留下三分装情。正如唐代李商隐的名句"巴山夜雨涨秋池"的意境。

六为飞雪沉江。即用茶导将茶荷里的碧螺春依次拨到已冲了水的玻璃杯中去。满身披毫、银白隐翠的碧螺春如雪花纷纷扬扬飘落到杯中，吸收水分后即向下沉，瞬时间白云翻滚，雪花翻飞，煞是好看。

七为春染碧水。碧螺春沉入水中后，杯中的热水溶解了茶，逐渐变为绿色，整个茶杯好像盛满了春天的气息。

八为绿云飘香。这道程序是闻香，碧绿的茶芽，碧绿的茶水，在杯中如绿云翻滚，氤氲的蒸汽使得茶香四溢，清香袭人。

九为初尝玉液。品饮碧螺春应趁热连续细品。头一口如尝玄玉之膏，云华之液，感到色淡、香幽、汤味鲜雅。

十为再啜琼浆。这是品第二口茶。二啜感到茶汤更绿、茶香更浓、滋味更醇，并开始感到了舌本回甘，满口生津。

十一为三品醍醐。在佛教典籍中用醍醐来形容最玄妙的"法味"。品第三口茶时，所品到的是太湖春天的气息，在品洞庭山盎然的生机，在品人生的百味。

十二为神游三山。古人讲茶要静品、慢品、细品，唐代诗人卢仝在品了七道茶之后写下了传诵千古的《茶歌》，在品了三口茶之后，继续慢慢地自斟细品，静心去体会七碗茶之后"清风生两腋，飘然几欲仙。神游三山去，何似在人间"的绝妙感受。

知识点滴

碧螺春又称佛心动。原来，有一位不知从哪里来的游方和尚，在洞庭东山化斋念佛，唯求素食果腹，但颇通禅礼，很受人们尊敬。有一年清明，和尚应邀到一个小镇人家念经超度亡灵，在途中一家茶棚歇脚。主人见到和尚来了，打招呼说："有新茶碧螺春，给和尚沏一壶罢。"

和尚说："出家人不贪口福，一碗浆水即可。"

和尚正在喝莲子浆水，茶棚已经三三两两地进来很多人喝茶，都点名要碧螺春。一会儿，一种清香扑鼻而来，顿觉身心清爽。和尚寻香发现是客人们喝的碧螺春的芳香，就向主人说："给老衲也沏一杯碧螺春如何？"

主人哈哈大笑说："初请不吃称斋戒，芳香引得佛心动"，从此，碧螺春又有了一个趣味生动的名字"佛心动"。

黄山毛峰

　　黄山毛峰产于安徽黄山。黄山是我国景色奇绝的自然风景区，这里气候温和，雨量充沛，土壤肥沃，土层深厚，空气湿度大，日照时间短。在这特殊条件下，茶树天天沉浸在云蒸霞蔚之中，因此茶芽格外肥壮，柔软细嫩，叶片肥厚，经久耐泡，香气馥郁，滋味醇甜，成为茶中上品。

　　黄山毛峰是我国名茶，由于其色、香、味、形俱佳，品质风味独特，被评为全国"十大名茶"之一，我国外交部将其定为外事活动的礼品茶，享誉中外。

古老黄山孕育茶中仙品

黄山脚下的黄山市徽州区富溪乡，祖居着一个庞大的谢氏家族，千百年来，这个家族世世代代在黄山脚下种茶、制茶、卖茶，是一个以茶为生的世袭家族。

大约在宋代嘉祐元年，即1056年，谢家族茶人，改变了唐朝制茶技术，独创了一套"炒——揉——烘"的制茶新工艺，从此使我国制茶技术和茶类发展迈向一个新台阶。

当时，我国茶叶生产已有了很大发展。茶与米、盐相同，人家一日不可无也。

徽州是当时重要产茶区，其产量约2.3万担，其制茶工序大致为：蒸茶、榨茶、研茶、造茶、过茶、烘茶六道，成品茶为"蒸青团茶"。这种制茶方法，不但工序复杂，加工量小，而且茶叶香气与滋味也欠佳。由此谢家就发明了一种"先用锅炒茶，再用手或木桶揉茶，最后用烘笼烘茶"的"老谢家茶"制茶技术。

采用这种工艺制茶有三大优点：其一，制茶程序简单，由原来六道改成三道；其二，加工量大，工效比原来提高了三四倍；其三，改变茶叶形状品质，将原来的"团茶"改成了"散茶"，而且这种"散茶"香高味浓，耐冲泡。很快，这种制茶新技术在古徽州传开，茶农纷纷效仿，从而迅速促进了徽州茶叶生产发展。

黄山茶的起源还与僧人有关。常言道："天下名山僧占多。"作为寺庙僧众必不可少的禅茶和礼茶随着佛教的兴盛，其需要量也越来越大，要求茶的质量也越来越高。

据说，黄山毛峰最早称"黄山松谷茶"。黄山松谷茶最早产于宋末元初，当时，曾任甘肃天水郡伯的张尹甫，号松谷，因谗毁官，隐

居黄山，在北海的叠嶂峰下建松谷草堂，即为后来的松谷庵，黄山四大丛林之一。

这里两支溪流交汇，草木繁盛，翠竹如海，潭池幽美，且土壤肥沃，适宜种茶。张松谷带发修行，慈善为怀，每日热情接待过往行人，饮茶用水，供应食宿，深得当地人的拥戴。

松谷庵周围的茶园最早由张尹甫辟荒开垦。他医道高明，被誉为"神医"，人们通称他为张真人或黄山真人。由他制作的茶叶滋味醇厚，芳香扑鼻，既为游人止渴解乏，提神去困，更使人心旷神怡，世人称之为黄山松谷茶，这就是最早的黄山毛峰。

黄山毛峰后来还有一个名字，叫"雪岭青"，雪岭青又称歙岭青。在歙县流传着这样一个故事：

明太祖朱元璋1352年率军起义后，曾一度转战徽州屯兵歙岭万岁岭一带。在徽州期间，朱元璋广结贤达，还喝上了由歙人唐仲实呈上的地方名茶"歙岭青"，连赞"雪岭青"，好茶！好名！因歙县方言"歙"与"雪"同音，朱元璋误把"歙岭青"听成了"雪岭青"，从此"雪岭青"的叫法就传开了。

朱元璋定都南京后，一日行至国子监，有一个厨人进茶。

朱元璋品茶后曰："此等好茶，莫不是徽州雪岭青？"

厨人闻言答曰："正是。"

原来，这国子监的厨子正是当年朱元璋在徽州期间入伍的歙县歙岭人。朱元璋知情后，不禁感慨万端，于是赏厨人以冠带，封为大明茶事。

当时国子监的一个贡生闻知此事后，不禁吟道："十载寒窗下，何如一碗茶。"朱元璋听到后，幽默地回道："他才不如你，你命不如他。"

明朝天启年间，江南黟县一个名叫熊开元的县官，带着身边的书童来黄山春游，不小心迷了路，恰巧遇到了一位腰挎竹篓的老和尚，于是便借宿在寺院之中。

在寺院中，老和尚给熊开元泡茶。熊开元细看这茶，叶色微黄，形似雀舌，身披白毫，开水冲泡下去，只见热气绕碗边转了一圈，转到碗中心就直线升腾，约有一尺高，然后又在空中转了一圆圈，化成一朵白莲花。只见这朵"白莲花"又慢慢地上升，化成了一团云雾，最后散成一缕缕热气飘荡开来，顿时满室清香。

熊知县看着惊奇，不禁问老和尚："此茶何名？"

老和尚答道："此茶名叫黄山毛峰。"

临别时，老和尚赠送此茶一包和黄山泉水一葫芦，并嘱一定要用此泉水冲泡才能出现白莲奇景。熊开元回县衙后，正遇同窗旧友太平知县来访，便将冲泡黄山毛峰表演了一番，太平知县甚是惊喜，后来到京城禀奏皇上，想献仙茶邀功请赏。

皇帝传令进宫表演，然而不见白莲奇景出现，皇上大怒，太平知县只得据实说道乃黟县知县熊开元所献。皇帝立即传令熊开元进宫受审，熊开元进宫后方知未用黄山泉水冲泡之故，讲明缘由后请求回黄山取水。再用黄山水冲泡的茶就出现了白莲，与所说丝毫不差，皇上大喜，重赏了熊开元。

知识点滴

另一个献茶的故事是这样讲的，皇帝命县令熊开元进京表演传闻中的"毛峰白莲"奇观。熊开元只好来到黄山拜求长老，长老将山泉泡毛峰的秘方传授给了他。熊开元在皇帝面前冲泡玉杯中的黄山毛峰，果然出现了白莲奇观。

皇帝看得眉开眼笑，便对熊开元说道："朕念你献茶有功，升你为江南巡抚，三日后就上任去吧。"

熊开元心中感慨万千，暗忖道："黄山名茶尚且品质清高，非山泉不开莲，何况为人呢？"于是脱下官服玉带，来到黄山云谷寺出家做了和尚，法名正志。

在苍松入云、修竹夹道的云谷寺下的路旁，有一襞庵大师墓塔遗址，相传就是正志和尚的坟墓。

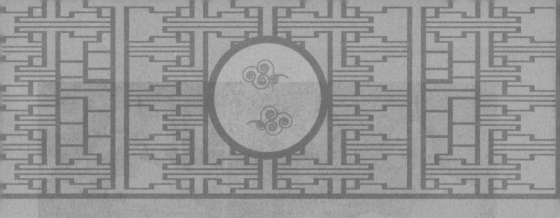

天下闻名的黄山毛峰

明代时，黄山的寺庙兴旺，僧众垦地种茶，黄山所产的茶叶也逐渐多了起来。

1616年初，明代大旅行家徐霞客踏着积雪，深入黄山，来到松谷庵。当僧人给他递上一杯芳香沁脾的黄山茶时，他轻呷一口，醇厚浓郁的茶汤顿令他神清气爽。于是在游记中写道："薄四海之内无如徽之黄山，登黄山，观止矣。"言语中饱含了对黄山茶叶的喜爱和赞许之情！

明程信在《游黄山》诗中也写道："烹茶时汲香泉水，燃烛频吹炼丹炉。为问老僧年几许？仙人相见可曾无！"程信不仅见识了泡制礼茶的严格要求，还把

祥符寺僧人长寿归功于饮茶与炼丹。

此外，清人潘来在《皮蓬访雪庄禅师》的诗句中，也提到"梦里披画图，吸涧煮茗芋"。清人吴雯清在《宿文殊院》诗中也提到"客话围炉火，僧茶吸涧泉。"从这些记载中可知，黄山的寺僧和其他地方的寺僧一样，"茶"已成为他们的佛事和生活中重要的一部分。

清代时佛教在黄山日趋衰落，原因有很多，一是战争的破坏，二是水火灾害。文殊院、慈光寺被大火吞没，翠微、祥符寺被大水所毁。这些受战祸和水火毁去寺院的僧众只好流落四方，他们所掌握的黄山云雾茶的制作技艺也随之得到传播。

当时，在县城经商的谢氏家族后人谢正安与其他徽商一样，多年的积蓄财物被抢掠一空。无奈之下，谢正安只好带着妻子父兄回到老家漕溪村。为了重整门户，谢正安带领家人，到离家9千米的深山充头源租山开垦，种粮度日，同时种植茶园。

同治年间，"商务奋兴"，谢正安常在外跑商务，并每年在漕溪挂秤收购春茶，略经加工，然后挑到皖东运漕、柘皋店面销售。

当时徽州的茶叶品种主要是炒青，各县初制的炒青集中运到屯溪精加工包装后外销，故命名为"屯溪炒青绿茶"，因与祁门红茶齐名，合称"祁红屯绿"。

屯绿运到广州的路程很长，要从屯溪先装船运到黟县渔亭，然后马帮驮至祁门，再船运至饶州、赣州、南安转韶关到达广州，全程千余里，一般需要两三个月。茶叶运到广州通过"十三行"卖给外商。由于当时茶叶紧俏是卖方市场，故获利一般在三四成以上，徽州茶商争而为之，谢正安复出后大获茶利。

"五口通商"后，上海取代广州成为茶叶主要外贸口岸。上海离屯溪路程短，由屯溪乘木船只要顺新安江、富春江、钱塘江，两至三天即可经杭州到达上海。这一格局的变化为徽州茶商提供了极大的便利，增强了市场竞争力。

说来也巧，当时谢家的一个亲戚谢光荪在江苏靖江县新沟司衙内任职。于是谢正安又将茶叶从长江水路先到靖江，再到上海。

1875年，谢正安在漕溪开办"谢裕大茶行"，又在休宁屯溪镇和歙县琳村开茶栈设厂加工炒青，同时把茶行的业务扩展到上海、皖北的运漕、拓皋和东北的营口。谢正安在兼并休宁吴家茶庄后，成为徽州六大茶庄之首，古歙四大财主之一。

在激烈的市场竞争中，谢正安敏锐地看到尽管当时屯绿炒青是外销的主要产品，销量也一直居于全国绿茶之首。但是一批地方名茶，如西湖龙井、庐山云雾、云南普洱、信阳毛尖等争相入市参与竞争。这些名茶的特点一是上市早，一般在谷雨前后，有先声夺人之势；二是外形美汤色清；三是香味清醇各有特色，为达官贵人和外商器重，由于量少所以利润很大。

为扩大徽茶影响，谢正安决定创制新的名茶，并形成批量生产争夺市场。他首先对徽州地区的传统地方名茶进行调查研究，经过比对筛选，根据地理环境相近，决定对传统名茶黄山云雾的生产工艺进行整理恢复并在谷雨前后带人到黄山紫云峰附近的汤口、充川等高山茶园摘取肥壮的新鲜嫩叶。

随后，将采摘的新茶经过"下锅炒、轻滚转、焙生胚，盖上圆簸复老烘"的精心制作，形成别具风格的新茶。

　　新茶外形似雀舌，匀齐壮实锋显毫露，色为象牙，龟叶金黄。冲泡后，清香高长，汤色清沏，滋味鲜浓、醇厚、甘甜，叶底嫩黄肥壮成朵。

　　其中金黄片和象牙色是其两大明显特征。黄山毛峰的条索细扁，翠绿之中略泛微黄，色泽油润光亮。尖芽紧偎叶中，形似雀舌，并带有金黄色鱼叶，又称："叶笋"或"金片"，是区别于其它毛峰的特征。叶芽肥壮，均匀整齐，白毫显露，色似象牙。

　　由于"白毫披身，芽尖似峰"，故先称"毛峰"。后因毛峰产地既属黄山源，又邻近黄山，则称"黄山毛峰"。

　　为了形成规模生产，谢正安在漕溪茶厂专门生产黄山毛峰，其制作工艺作为谢家秘传。

　　谢裕大茶行曾享有"黄山毛峰名震欧洲"之誉，故茶行在上海有永久性门联：

诚招天下客；

誉满谢公楼。

　　谢正安不仅是"谢裕大茶行"的开创者，而且还是"黄山毛峰"的创始人。

　　屯溪绿茶简称"屯绿"，又称"眉茶"。屯溪绿茶的集中产区在黄山脚下休宁、歙县、宁国、绩溪四县，以及祁门里的东乡等地。黄山茶乡所产的各种绿茶由屯溪集散、输出，因此，统称"屯溪绿茶"。屯溪绿茶为我国极品名茶之一。"屯绿"在明万历年间即在国际市场上首露头角，1913年已远销欧美各国，曾被誉为"首屈一指的好茶"、"绿色金子"。

庐山云雾

　　庐山云雾茶是我国名茶之一，始产于汉代，盛名于唐代，宋代列为贡品。庐山云雾茶芽壮叶肥、白毫显露、色翠汤清、滋味浓厚、香幽如兰。茶似龙井，可是比龙井醇厚；其色金黄像沱茶，又比沱茶清淡，宛如浅绿色碧玉盛在杯中。故以"香馨、味厚、色翠、汤清"而闻名于中外。

　　庐山云雾茶汤水清淡，宛若碧玉，有"匡庐奇秀甲天下，云雾醇香益寿年"的说法。由于饱受庐山流泉飞瀑的亲润、行云走雾的熏陶，从而形成了独特的醇香品质。

匡庐仙山云雾生美茶

　　庐山云雾茶历史极为悠久，东汉时佛教传入我国后，佛教徒便结舍于庐山。庐山在南北朝时就有众多的寺院，因此唐代大诗人杜牧有诗云："南朝四百八十寺，多少楼台烟雨中。"

　　当时的僧人众多，为了不在坐禅的时候打瞌睡，就喝茶提神，因此养成了爱喝茶的习惯。当时庐山的梵宫僧院多达300多座，僧侣云

集，他们攀崖登峰，种茶采茗。

在东晋时，庐山成为佛教的重要中心之一，高僧慧远率领徒众在山上居住30多年，山中也栽有茶树。慧远讲经制茶，还常以自制茶叶接待好友陶渊明，并留下东林寺"虎溪三笑"的传说。

虎溪在庐山东林寺前，相传慧远居东林寺时，养有一虎。慧远有一个习惯就是送客不过溪。一日陶渊明和道士陆修静来访，三个人谈得很投机。在相送时，慧远不觉过溪，这时虎就长啸，于是三人大笑而别。后人于此建三笑亭。

另据《庐山志》载："庐山云雾……初由鸟雀衔种而来，传播于岩隙石罅间，又称钻林茶。"

钻林茶被视为云雾茶中上品，但由于散生在荆棘横生的灌木丛中，寻觅艰难，不仅衣撕手破，而且量极少。过去，庐山云雾茶的栽培多赖于庐山寺庙的僧人，是他们清苦的汗水培育、浇灌了一茬又一茬的茶树。关于僧人种植庐山云雾茶，当地还有一个传说：

在庐山五老峰下有一个宿云庵，老和尚憨宗移种野茶为业，在山脚下开了一大片茶园，茶丛长得极为茂盛。

有一年的4月，忽然冰冻三尺，这里的茶叶几乎全被冻死了。浔阳

官府派衙役多人，到宿云庵找和尚憨宗，拿着朱票，硬是要买茶叶。憨宗向衙役们百般哀求："这样的天寒地冻，园里哪有茶叶呢？"

后来憨宗被逼得没办法，不得已只得连夜逃走。九江名士廖雨，为和尚憨宗打抱不平，在九江街头到处张贴冤状，题《买茶谣》，对横暴不讲理的官府控诉。官府却不予理睬。

憨宗和尚逃走后，衙役们为了能在惊蛰摘取茶叶，清明节前送京，日夜击鼓擂锣，喊山出茶。每天深夜，把四周的老百姓都喊起来，赶上山，让他们摘茶。竟把憨宗和尚一园的茶叶，连初萌未展的茶芽都一扫而空了。

憨宗和尚满腔苦衷感动了上天。在憨宗悲伤的哭声中，从鹰嘴崖、迁莺石和高耸入云的五老峰巅，忽然飞来了红嘴蓝雀、黄莺、杜鹃、画眉等珍禽异鸟，唱着婉转的歌，不断地从云中飞来。

它们不断地撷取憨宗和尚园圃中隔年散落的一点点茶籽，把茶籽从冰冻的泥土中啄食出来，衔在嘴里，"刷"地飞到云雾中，将茶籽散落在五老峰的岩隙中。很快，岩隙中长起一片翠绿的茶树。

憨宗看得这高山之巅，云雾弥漫中失而复得的好茶园，心里高兴。他从心里感谢这些美丽的鸟儿！不久，采茶的季节到了，由于五老峰、大汉阳峰奇峰入云，憨宗实在无法爬上高峰云端去采撷茶叶，只好望着云端清香的野茶兴叹。

正在这时，忽然百鸟朝林，还是那些红嘴蓝雀、黄莺、画眉又从云中飞过来了，驯服地飞落在他的身边。憨宗把这些美丽的小鸟喂得饱饱的，然后在它们颈上各套一个口袋。这些小鸟们飞向五老峰、大汉阳峰的云雾中采茶。

当憨宗抬头仰望高峰云端时，却见仙女翩舞，歌声嘹亮，在云雾中忙着采茶。憨宗真是惊喜万分。之后，这些山中百鸟将采得的鲜茶叶送到憨宗面前，然后经憨宗老和尚的精心揉捻，炒制成茶叶。

因为这种茶叶是庐山百鸟在云雾中播种，又是它们辛苦地从高山云雾中同仙女一起采撷下来的，所以称为"云雾茶"。

庐山北临长江，东毗鄱阳湖，平地拔起，峡谷深幽。由于江湖水汽蒸腾而成云雾，常见云海茫茫，年雾日有195天之多。由于山高升温迟缓，候期迟，茶树萌发须在谷雨后，4月下旬至5月初。萌芽期正值雾日最多之时，造就云雾茶独特品质。尤其是五老峰与汉阳峰之间，终日云雾不散，所产之茶为最佳。由于天候条件，云雾茶比其它茶采摘时间晚，一般在谷雨后至立夏之间方开始采摘。以一芽一叶为初展标准，长约3厘米。成品茶外形饱满秀丽，色泽碧嫩光滑，芽隐露。茶汤幽香如兰，耐冲泡，饮后回甘香绵。

知识点滴

文人雅士赞美庐山茶

唐代时，庐山茶已经很著名了。当时，文人雅士一度云集庐山，间接地推动了庐山茶叶的发展。

公元817年3月，当时被贬为江州司马的诗人白居易在庐山香炉峰下东林寺旁筑草堂居住，挖药种茶，很有些闲情逸致，并写下了《重题》一诗：

长松树下小溪头，斑鹿胎巾白布裘。
药圃茶园为产业，野麋林鹤是交游。
云生洞户衣裳润，岚隐山厨火烛幽。
最爱一泉新引得，清冷屈曲绕阶流。

白居易还在著名的《琵琶行》中写道："老大嫁作商人妇，商人重利轻别离。前月浮梁买茶去，去来江口守空船。"在唐朝末年，浮梁是著名的茶市。

唐代，存初公在《天池寺》诗中写道："爽气荡空尘世少，仙人为我洗茶杯。"由仙人为其洗杯而品香茗，心中何等得意！

僧人齐己在《匡山寓居栖公》中说："树影残阳里，茶香古石楼。"与茶为伴的日子，真的好惬意。

好茶需要好水来泡。唐朝茶圣陆羽在其著作《茶经》中评天下二十水："庐山康王谷第一，……庐山栖贤寺下石桥潭水第六……"

最好的庐山山泉就是陆羽所说的庐山康王谷谷王洞的泉水。此泉泡茶，茶香清冽，茶汤甘甜。

庐山康王谷又名庐山垄。据《星子县志》记载："昔始皇并六国，楚康王昭为秦将王翦所窘，逃于此，故名。"

康王谷深山有泉，发源于汉阳峰，中道因被岩山所阻，水流呈数百缕细水纷纷散落而下，远望似亮丽晶莹的珠帘悬挂谷中，因名"谷帘泉"。

"茶神"陆羽对泡茶的水很有研究，他遍游祖国的名山大川，品尝各地的碧水清泉。当年他来到庐山康王谷谷帘泉，品尝泉水之后，赞誉"甘腴清冷，具备诸美"；"庐山康王谷水帘水第一……"并记入《茶经》中。

到了宋代，庐山云雾茶就颇为有名了，并成为朝中贡品。据《庐山志》卷十二载，以及商云小说《贡茶》中载"宋太平兴国中，庐山例贡茶，然山寒茶恒迟，类市之它邑充贡……"从中可见当时庐山茶的地位。

另据《九江府志》中所记载："……茶出于德安、瑞昌、彭泽，唯庐山所产，味香可啜。该山，尤以云雾茶为最惜，不可多得耳……"可见庐山云雾茶的珍稀。

到宋朝，庐山已有洪州鹤岭茶、洪州双井茶、白露、鹰爪等名茶。这时虽然未明确地见到云雾茶的出现，但从北宋诗人黄庭坚的诗中，隐约可见宋时已有云雾茶了。诗云：

我家江南摘云腴，落硙霏霏雪不如。

这里所写的"云腴"是指白而肥润的茶叶；"落硙霏霏雪不如"，说明磨中碾成粉末的茶叶，因多白毫，其白胜于雪。

南宋大诗人陆游在《游庐山东林记》中写有：

食已煮观音泉，啜茶。

"观音泉"即招贤泉，在招贤寺观音桥东北端桥头。虽经1000多

年的沧桑，但仍涓流不息，尤其是观音桥头，石屋内清澈的泉水，映照着"天下第六泉"5个石刻大字，泉水终年不绝。游人至此，无不拿起竹筒，以畅饮为快，饮完抹嘴，顿觉心旷神怡，此水泡茶，其味更佳。宋戴复古在《庐山》诗中写道："山灵未许到天池，又作西林一宿期。……暂借蒲团学禅寂，茶烟正绕鬓边丝。"有茶相伴，在茶烟中禅寂，本身就是一种难得的境界。

唐宋时文人雅士登庐山，品云雾，为庐山云雾茶后世得以扬名于天下奠定了基础！

知识点滴

浮梁位于赣东北，公元621年建县，初名新平，公元742年更名为浮梁。当地特产是"一瓷二茶"：举世闻名的瓷都景德镇在历史上长期隶属于浮梁县管辖，因而浮梁被誉为"世界瓷都之源"。唐代的浮梁茶也曾闻名天下，在敦煌遗书之《茶酒论》和白居易的《琵琶行》中分别留有"浮梁歙州，万国来求"与"商人重利轻别离，前月浮梁买茶去"的美名，于是又被人们赞为"中国名茶之乡"。

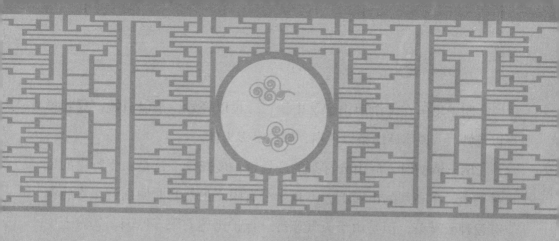

庐山云雾有"六绝"

明代时，庐山云雾茶被大面积地种植。古称"闻林茶"的庐山茶，从明代起始称"庐山云雾"。自此，"庐山云雾"之名开始出现在明《庐山志》中。

明太祖朱元璋曾屯兵庐山天池峰附近。朱元璋登基后，庐山的名望更为显赫。庐山云雾茶正是从明代开始生产，并迅速闻名全国。

对于庐山云雾茶的美好，明代文人对之赞誉之情颇多。明万历年间的李日华在《紫桃轩杂缀》中云："匡庐绝顶，产茶在云雾蒸蔚中，极有胜韵。"

明王思伍在《游庐山记》中说："泉以轻妙，茶以白妙，豆叶菜以苦妙。"说明庐山茶以色白，即白毫多为佳。

明末清初时，庐山云雾茶的产量曾一度减少。这是由于野生的云雾茶生长在高寒的山崖上，产量十分有限。虽然当时庐山许多寺庙都有栽种云雾茶，但是由于天气寒冷、保护措施有限等原因，实际上生产出来云雾茶的总量不是很多。

随着清朝政局的稳定，庐山云雾茶逐渐恢复了生气，当时庐山人以茶谋生，买卖云雾茶成为人们获取衣食的重要来源。

古往今来，许多文人雅士喜爱庐山云雾。清人李绂在《六过庐山记》中说："山中皆种茶，循花径而下至清溪，……僧以所携瓶盎，就桥下吸泉，置石隙间。拾枯枝煮泉，采林间新茶烹之，泉冽茶香，风味佳绝。"可见当时庐山茶业的兴盛。

自古以来，茶与佛有着不解情缘。庐山僧人种茶、饮茶，是一种寄托，一种追求。僧人在种茶的劳作里，品茶的享受中，把自己与庐山山水融为一体，得到的是平和、宁静，进而"专思寂想"。因此，从茶的历史发展来看，茶是茶禅相通的最佳载体。

高品质的云雾茶，不仅要具有理想的生长环境以及优良的茶树品种，还要具有精湛的采制技术。

由于气候原因，云雾茶比其他茶采摘时间晚，一般在谷雨后至立夏之间开园采摘。采摘标准为一芽一叶初展，长度不超过5厘米，剔除紫芽、病

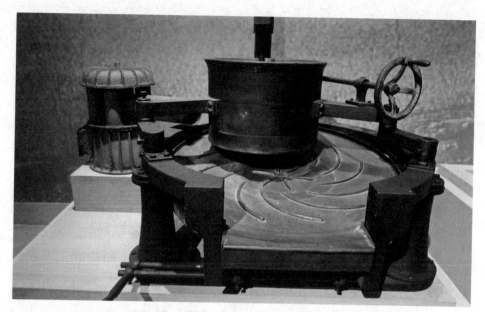

虫害叶。采后摊于阴凉通风处，放置几个时辰后再进行炒制。

庐山云雾茶的加工制作十分精细，手工制作，初制分杀青、抖散、揉捻、炒二青、搓条、拣剔、烤干或烘干等工序，精制去杂、分级、匀堆装箱等工序。

每道工序都有严格的要求，如杀青要保持叶色绿翠；揉捻要用手工轻揉，防止细嫩断碎；翻炒动作要轻。经过一系列制作工序，才能保证云雾茶的品质。

首先是杀青。主要手法双手抛炒，先抖后闷，抖闷结合，每锅叶量较少，锅温不高，炒至青气散发，茶香透露，叶色由鲜绿转为暗绿，即为适度。

第二道工序是抖散。为了及时散发水分、降低叶温、防止叶色黄变，刚起锅杀青叶置于簸盘内，双手迅速抖散或簸扬十余次，这样可以使香味鲜爽、叶色翠绿、净度提高。

第三道工序是揉捻。一般用双手回转滚揉或推拉滚揉，但用力不能过重，以保毫保尖，当80%成条即为适度。

第四道工序是初干。揉捻叶放在锅中经过初炒，使含水量降至30%至35%，以抖炒为主。

第五道工序是搓条。搓条是进一步紧结外形散发部分水分。初干叶置于手中，双手掌心相对，四指微曲，上下理条，用力适当，反复搓条，直到条索初步紧结、白毫略为显露即可。

第六道工序是做毫。通过做毫，使茶条进一步紧结，白毫显露，茶叶握在手中，两手压茶并搓茶团，利用掌力使茶索断碎。

第七道工序是再干。锅温上升后，茶叶在锅中不断收堆，不断翻散，至含水量减少到5%至6%，用手捻茶可成粉时即行起锅。再干，手势要轻。干茶起锅后经适当摊放，经过筛分割即可。

庐山云雾茶的品质特征为：外形条索紧结重实，饱满秀丽；色泽碧嫩光滑，芽隐绿；香气芬芳、高长、锐鲜；汤色绿而透明。

高级的云雾茶条索秀丽，嫩绿多毫，香高味浓，经久耐泡，为绿茶之精品。后世庐山云雾茶已畅销国内外，名扬世界，从昔日的"特供品"到"国礼茶"，向全世界展示着我国十大名茶的无穷魅力。

知识点滴

人们通常用"六绝"来形容庐山云雾茶，即"条索粗壮、青翠多毫、汤色明亮、叶嫩匀齐、香凛持久、醇厚味甘"。云雾茶风味独特，由于受庐山凉爽多雾的气候及日光直射时间短等条件影响，形成其叶厚，毫多，醇甘耐泡。在国际茶叶市场上，庐山云雾茶更是深受欢迎、供不应求的高档商品，"幸饮庐山云雾茶，更识庐山真面目"，这诗一般的赞语，足以说明它的地位和价值。

名茶荟萃

　　武夷岩茶为乌龙茶类，有"茶中之王"的美誉，产于福建"奇秀甲东南"的武夷山。武夷岩茶具有绿茶之清香，红茶之甘醇，是我国乌龙茶中之极品。

　　福建安溪铁观音茶素有"茶王"之称，"砂绿起霜"成为铁观音高品级的标志，获得了"绿叶红镶边，七泡有余香"的美誉。

　　湖南岳阳君山银针是我国著名黄茶之一。清代，君山茶分为"尖茶"、"茸茶"两种。"尖茶"如茶剑，白毛茸然，纳为贡茶，素称"贡尖"。黄茶，轻微发酵。

　　河南信阳毛尖是我国著名毛尖茶，素来以"细、圆、光、直、多白毫、香高、味浓、汤色绿"的独特风格而饮誉中外。

武夷碧水丹山育岩茶

我国福建武夷山是大自然赐给人类的一块风水宝地。这块宝地的最大特征就是"碧水丹山"。远远望去，只见一座座雄峻挺拔，各具形态的巨大岩石山峰，在蓝天白云下如同一片片燃烧的红色火焰。

武夷山的土壤，正如古人所说的"上者生烂石，中者生砾壤，下

者生黄土"，非常适合茶树生长。因此孕育出中华"茶中之王"武夷岩茶。

武夷山茶叶生产的历史悠久。早在商周时，武夷茶就随其"濮闽族"的君长，会盟伐纣时进献给周武王了。

西汉时，武夷茶已初具盛名。唐朝元和年间孙樵在《送茶与焦刑部书》中提到的"晚甘侯"是武夷茶别名的最早的文字记载。

到了宋代，武夷茶称雄国内茶坛。大文学家范仲淹有"溪边奇茗冠天下，武夷仙人从古栽"及"北苑将期献天子，林下雄豪先斗美"的诗句。

元明两朝，在九曲溪之第四曲溪畔，创设了皇家焙茶局，称之为"御茶园"，从此，武夷茶大量入贡。

武夷岩茶品目繁多，仅山北慧苑岩便有名丛800多种。主要有大红袍、铁罗汉、水金龟、白鸡冠、四季春、万年青、肉桂、不知春、白牡丹等等，而最负盛名的当数大红袍。

传说古时，有一穷秀才上京赶考，路过武夷山时，病倒在路上，幸被天心庙老方丈看见，泡了一碗茶给他喝，病就好了，后来秀才金榜题名，中了状元，还被招为东床驸马。

一个春日，状元来到武夷山谢恩，在老方丈的陪同下，前呼后拥，到了九龙窠，但见峭壁上长着三株高大的茶树，枝叶繁茂，吐着

一簇簇嫩芽，在阳光下闪着紫红色的光泽，煞是可爱。

老方丈对状元说："当年你犯鼓胀病，就是用这种茶叶泡茶治好的。很早以前，每逢春日茶树发芽时，就鸣鼓召集群猴，穿上红衣裤，爬上绝壁采下茶叶，炒制后收藏，可以治百病。"

状元听了，就要求采制一盒进贡皇上。第二天，庙内烧香点烛、击鼓鸣钟，召来大小和尚，向九龙窠进发。众人来到茶树下焚香礼拜，齐声高喊："茶发芽！"然后采下芽叶，精工制作，装入锡盒。

状元带了茶进京后，正遇皇后肚疼鼓胀，卧床不起。状元立即献茶让皇后服下，果然茶到病除。

皇上大喜，将一件大红袍交给状元，让他代表自己去武夷山封赏。一路上礼炮轰响，火烛通明，到了九龙窠，状元命一樵夫爬上半山腰，将皇上赐的大红袍披在茶树上，以示皇恩。

说也奇怪，等掀开大红袍时，三株茶树的芽叶在阳光下闪出红光，众人说这是大红袍染红的。

后来，人们就把这三株茶树叫作"大红袍"了。有人还在石壁上刻了"大红袍"3个大字。从此大红袍就成了年年岁岁的贡茶。

"铁罗汉"是武夷最早的名丛。传说武夷山慧苑寺一僧人叫积慧，专长铁罗汉叶采制技艺，他所采制的茶叶清香扑鼻、醇厚甘爽，寺庙四邻八方的人都喜欢喝他所制的茶。他长得黝黑健壮，身体彪大魁梧，像一尊罗汉，乡亲们都称他"铁罗汉"。后来，积慧发现了一种新的茶树，人们为了纪念他，就将此茶命名为"铁罗汉"。

清代郭柏苍《闽产录异》记载："铁罗汉、坠柳条，皆宋树，又仅止一株，年产少许。"据传，惠安施集泉茶店经营武夷岩茶，以"铁罗汉"最为名贵，有疗热病的功效，极受欢迎。

武夷岩茶绿叶红镶边，形态艳丽；深橙黄亮，汤色如玛瑙；岩韵醇厚，茶香怡人；清鲜甘爽回味悠悠。它既有红茶的甘醇，又有绿茶的清香，是"活、甘、清、香"四字齐备的茶中珍品。

武夷岩茶香气馥郁，胜似兰花而深沉持久，性和不寒，久藏不坏，香久益清。成茶茶条壮结、匀整，色泽绿褐鲜润，称为"宝色"；部分叶面呈现蛙皮状白点，俗称"蛤蟆背"。冲泡后茶汤呈深橙黄色，叶底软亮，叶缘朱红，叶中央淡绿带黄，称"绿叶镶红边"，呈三分红七分绿。因此，清代诗人袁枚说："尝尽天下之茶，以武夷山顶所生，冲开白色者为第一。"

武夷岩茶的典型特征，可以用"岩韵"两个字来概括，是指乌龙茶优良品种、生长在武夷山丹霞地貌内、经武夷岩茶传统栽培制作工艺加工而形成的茶叶香气和滋味。

岩骨花香中的"花香"并不像花茶一样，以其加花窨制而成的香，而是茶青在武夷岩茶特有的加工工艺中自然形成的花香，品种不

同有各种特有的品种香，但香气要求锐则浓长、馥郁具幽兰之胜。

后世相沿，武夷岩茶具有"五美"：首先是自然清静的环境美。其次为清轻甘活的水质美，其三为巧夺天工器之美，其四为高雅温馨的气氛美，最后是妙趣横生的茶艺美。

茶艺是以茶为载体，以茶馆或舞台为展示场所，并以古曲音乐、表演等多种艺术形式向饮茶人和来宾演示茶的冲、泡、饮等技艺，武夷茶艺一共有27道程序，高雅美妙。其表现的形式和种类很多，有表演型、待客型、实用型，有绿茶茶艺、花茶茶艺、乌龙功夫茶、"禅茶"等等，此外，还有地方特色的茶艺。

知识点滴

关于武夷山"白鸡冠"茶，民间还流传着一个传说：古时候武夷山有位茶农，一日他的岳父过生日，他就抱着家里的一只大公鸡去祝寿。一路上，太阳火辣辣的，他被炙烤得受不了了，走到慧苑岩附近时，他就把公鸡放在一棵茶树下，自己找个阴凉的地方歇一歇。不久，他听到公鸡"喔"地一声惨叫。原来，是一条蛇咬死了公鸡，茶农只好在茶树下扒了个坑将大公鸡埋了，空手去岳父家祝寿。

说来奇怪，这棵茶树打那以后，长势特别旺盛，枝繁叶茂，那满树的叶子一天天地由墨绿变成淡绿，由淡绿又变成淡白，几丈外就能闻到它那股浓郁的清香。制成的茶叶，颜色也与众不同，别的茶叶色带褐色，它却是在米黄中呈现出乳白色；泡出来的茶水晶亮晶亮的，还没到嘴边就清香扑鼻；啜一口，更觉清凉甘美，连那茶杆嚼起来也有一股香甜味，真是美极了。人们就叫这种茶为"白鸡冠"茶。

乌龙茶珍品安溪铁观音

唐末宋初，有位裴姓高僧住在安溪驷马山东边圣泉岩的安常院，他自己做茶并传授乡人，乡人称茶为圣树。

1083年，安溪大旱，请来"清水祖师"普足大师祈雨，果然应

验，乡亲留普足大师于清水岩，他建寺修路恩泽于乡民，他听说圣茶的药效，不远百里到圣泉岩向乡民请教种茶和做茶，并移栽圣树。

一天，普足大师沐浴更衣梵香后，便前往圣树准备采茶。突然间发现有一只美丽的凤凰正在品茗红芽，不久又来有小黄鹿来吃茶叶，他眼见此情景，非常感叹："天地造物，果真圣树"。

清水祖师回寺做茶，用圣泉泡茶，他思忖："神鸟、神兽、僧人共享圣茶，天圣也。"此后，天圣茶成为他为乡民治病之圣方。

清水祖师也将自己种茶及作茶的方式传给乡民，当时南岩山麓有一位退隐将军"乌龙"，因他上山采茶追猎无意发明摇青工艺及发酵工艺，做出的天圣茶香气更足，味更甘醇。乡亲向他学习，以后，用此工艺做的茶大家都叫乌龙茶。

铁观音属于乌龙茶，又称青茶，它主要介于绿茶和红茶之间，属于半发酵的茶类，是我国绿茶、红茶、青茶、白茶、黄茶、黑茶六大茶类之一。乌龙茶采制工艺的诞生，是对我国传统制茶工艺的又一重大革新。

安溪产茶始于唐末，在宋元时期，铁观音产地安溪不论是寺观或农家均已产茶。明清时期，是安溪茶叶走向鼎盛的一个重要阶段。明代，安溪茶业生产的一个显著特点是饮茶、植茶、制茶广泛传遍至全县各地，并迅猛发展成为农村的一大产业。

1720年前后，安溪尧阳松岩村有个老茶农，名叫魏荫，他勤于种茶，善做乌龙茶，又笃信佛教，敬奉观音。每天早晚一定在观音佛前敬奉一杯清茶，几十年如一日，从未间断。

有一天晚上，魏荫睡熟了，蒙眬中梦见自己扛着锄头走出家门，他来到一条溪涧旁边，在石缝中忽然发现一株茶树，枝壮叶茂，芳香诱人，跟自己所见过的茶树不同……

第二天早晨，魏荫顺着昨夜梦中的道路寻找，果然在观音仑打石坑的石隙间，找到梦中的茶树。仔细观看，只见茶叶椭圆，叶肉肥厚，嫩芽紫红，青翠欲滴。魏荫十分高兴，将这株茶树挖回种在家中一口铁鼎里，悉心培育。因这茶是观音托梦得到的，于是取名为"铁观音"。

乾隆年间，安溪西坪南岩仕人王士让曾出任湖广黄州府蕲州通判，曾经在南山之麓修筑书房，取名"南轩"。1736年的春天，他与诸友会文于"南轩"。每当夕阳西坠时，就徘徊在南轩之旁。

有一天，王士让偶然发现层石荒园间有株茶树与众不同，就把它移植在了南轩的茶圃里，朝夕管理，悉心培育，年年繁殖，茶树枝叶茂盛，圆叶红心，采制成品，乌润肥壮，泡饮之后，香馥味醇，沁人肺腑。

王士让奉召入京时，谒见礼部侍郎方苞，并把这种茶叶送给方苞，方侍郎闻其味非凡，便转

送内廷，皇上饮后大加赞誉，垂问尧阳茶史，因此茶乌润结实，沉重似铁，味香形美，犹如"观音"，于是赐名"铁观音"。

松岩村魏荫发现是真，王仕让转进、乾隆赐名也是史实，故两人对"铁观音"均功不可没。

茶树良种铁观音树势不大，枝条披张，叶色深绿，叶质柔软肥厚，芽叶肥壮。采用铁观音良种芽叶制成的乌龙茶也称铁观音茶，因此，"铁观音"既是茶树品种名，也是茶名。"铁观音"茶树天性娇弱，产量不大，所以便有了"好喝不好栽"的说法，"铁观音"茶从而也更加名贵。

铁观音主产区在西部的"内安溪"，这里群山环抱，峰峦绵延，云雾缭绕，年平均气温摄氏15至18度，无霜期260至324天，年降雨量充沛，有"四季有花常见雨，一冬无雪却闻雷"之谚。土质大部分为酸性红壤，土层深厚，特别适宜茶树生长。

茶香四溢的"铁观音"，让安溪人"斗"起茶来个个底气十足。安溪铁观音的制作综合了红茶发酵和绿茶不发酵的特点，采回的鲜叶力求完整，然后进行晾青、晒青和摇青。

铁观音是乌龙茶的极品，其品质特征是：茶条卷曲，肥壮圆结，沉重匀整，色泽砂绿，整体形状似蜻蜓头、螺旋体、青蛙腿。冲泡后汤色金黄浓艳似琥珀，有天然馥郁的兰花香，滋味醇厚甘鲜，回甘悠久，俗称有"音韵"。铁观音茶香高而持久，可谓"七泡有余香"。

最核心特征是干茶沉重，色墨绿；茶汤香韵明显，极有层次和厚度；叶底肥厚软亮。

铁观音问世后，迅速传播到周边的虎邱、大坪、龙涓、芦田、尚卿、长坑等乡镇，因其品质优异、香味独特，各地相互仿制。

1896年，安溪人张乃妙、张乃乾兄弟将铁观音传至台湾木栅区。并先后传到福建省的永春、南安、华安、平和、福安、崇安、莆田、仙游等县和广东等省。这一时期，安溪乌龙茶生产技术也不断向海外广泛传播，铁观音等优质名茶声誉日增。

铁观音因为工艺关系，可以分为清香型与浓香型。市场上常见的有清香型、韵香型、浓香型等。严谨来说，两个大类区分，清香型与浓香型。其余香型类的都可以归类到清香型里。清香型是市场上常见的清汤绿水，干茶带兰花香或其他花香型的铁观音。

因为工艺的不同，香气上口感上都有一定区别。常见的制作工艺有消青，正炒，脱酸。浓香型的铁观音是在清香型铁观音基础上炭焙而来的。干茶颜色上暗黄，茶汤口感浓，故称浓香型，香气表现为焦糖香，果香等，类似岩茶的口感。

知识点滴

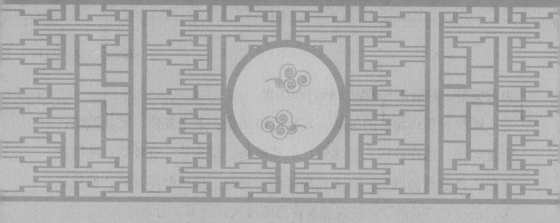

春姑仙女传下信阳毛尖

相传在很久很久以前，信阳本没有茶，乡亲们吃不饱，穿不暖，许多人得了一种叫"疲劳痧"的怪病，瘟病越来越凶，不少地方都死绝了村户。

一个叫春姑的姑娘看在眼里，急在心上，为了能给乡亲们治病，她四处奔走寻找能人。

一天，一位采药老人告诉姑娘："往西南方向翻过九十九座大山，蹚过九十九条大江，便能找到一种消除疾病的宝树。"

春姑按照老人的要求爬过九十九座大山，蹚过九十九条大江，在路上走了九九八十一天，累得精疲力尽，并且染上了可怕的瘟病，倒在一条小溪边。这时，泉水中飘来一片树叶，春姑含在嘴里，马上神清目爽，浑身是劲，她顺着泉水向上寻找，果然找到了生长救命树叶的大树，摘下一颗种子。

看管茶树的神农氏老人告诉姑娘："摘下的种子必须在十天之内种进泥土，否则会前功尽弃。"

春姑想到十天内赶不回去，也就不能抢救乡亲，她难过得哭了。

神农氏老人见此情景，拿出神鞭抽了两下，春姑变成了一只画眉鸟。小画眉飞回家乡后，将树籽种下，见到树苗从泥土中探出头来，画眉高兴地笑了。这时，她的力气耗尽，在茶树旁化成了一块石头。

　　过了不久，茶树长大了，鸡公山上也飞出了一群群的小画眉，她们用尖尖的嘴巴啄下一片片茶叶，放进病人的嘴里，病人便马上好了，从此以后，种植茶树的人越来越多，也就有了茶园和茶山。

　　我国茶叶生产早在3000多年前的周朝就已开始。茶树原产于我国西南高原，随着气候、交通等方面的发展变迁，而传到祖国各地。因气候条件限制，茶树只能沿汉水传入河南，又在气候温和的信阳生根。信阳地区固始县的古墓中发掘有茶叶，考证已有2300多年，可见信阳种茶历史之悠久。

　　唐代我国茶叶生产发展开始进入兴盛时期，茶圣陆羽《茶经》把全国盛产茶叶的13个省42个州郡，划分为八大茶区，信阳归淮南茶区。并指出："淮南茶光州上……"。旧《信阳县志》记载："本山产茶甚古，唐地理志载，义阳土贡品有茶。"

　　唐代时，茶树开始种在鸡公山上，叫"口唇茶"。这种茶沏上开水后，品尝起来，满口清香，浑身舒畅，能够医治疾病。于是都说这口唇茶原是九天仙女种下的。

信阳气候适宜，湿润多雨，土质疏松肥沃，对茶树生长具有得天独厚的自然条件。唐代陆羽《茶经》和唐代李肇《国史补》中把义阳茶列为当时的名茶。

宋朝，在《宁史·食货志》和宋徽宗赵佶《大观茶论》中把信阳茶列为名茶。大词人苏东坡谓："淮南茶信阳第一。"西南山农家种茶者多本山茶，色味香俱美，品不在浙闽以下。

清朝中期是河南茶叶生产又一个迅速发展时期，制茶技术逐渐精湛，制茶质量越来越讲究。清光绪时期，原是清政府住信阳缉私拿统领、旧茶业公所成员的蔡祖贤，提出开山种茶的倡议。当时曾任信阳劝业所所长、有雄厚资金来源的甘周源积极响应，他同王子谟、地主彭清阁等在信阳震雷山北麓恢复种茶，成立"元贞"茶社，从安徽请来一名余姓茶师，指导茶树栽培与制作。

后来，甘周源又邀请陈玉轩、王选青等人在信阳骆驼店商议种茶，组织成立宏济茶社，派吴少渠到安徽六安、麻埠一带买茶籽，还请来六安茶师吴记顺、吴少堂帮助指导种茶制茶。

这时的制茶法，基本上是炒制方法，用小平锅分生锅和熟锅两锅进行炒制。炒茶工具采用帚把，生锅用两个帚把，双手各持一把，挑着炒。熟锅用大帚把代替揉捻。这就制成了细茶信阳毛尖。

在新的工艺制作下，信阳毛尖也被分成了特级、一级、二级、三级、四级、五级等几个等级。

知识点滴

1914年，为了迎接1915年巴拿马运河通航而举行了万国博览会，信阳县茶区积极筹备参赛茶样，有贡针茶、白毫茶、已熏龙井茶、未熏龙井茶、毛尖茶、珠三茶、雀舌茶。1915年2月，在博览会上，经评判，信阳毛尖茶以外形美观、香气清高、滋味浓醇的独特品质，被授予世界茶叶金质奖状和奖章。信阳毛尖从此成为河南省优质绿茶的代表。1958年，信阳毛尖在全国评茶会上被评为全国十大名茶。